腕時計の図鑑

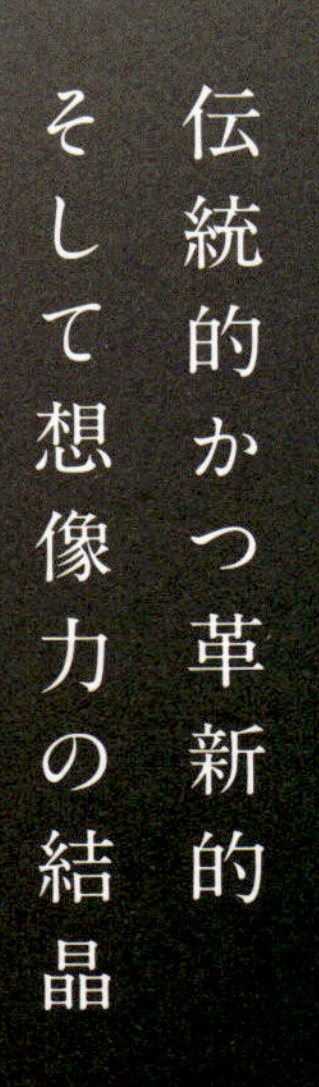

素晴らしきタイムピースの世界

The World of Wonderful Timepieces

(左) ヴィルレ ウルトラスリム／ブランパン
(右) シーマスター 300／オメガ

（左）レベルソ・クラシック・ラージ／ジャガー・ルクルト　（右）エル・プリメロ クロノマスター／ゼニス

時が加速するような
都市生活を軽やかに泳ぐ

（左）タイムウォーカー アーバンスピード デイト オートマティック／モンブラン　（右）アクアレーサー キャリバー 16 クロノグラフ／タグ・ホイヤー

（左）ブロードウェイ オートクロノ／ハミルトン　（左下）マスターコレクション／ロンジン　（右）クラシマ／ボーム＆メルシエ

腕時計の図鑑

目次

NTENTS

71 ベル&ロス BELL & ROSS
72 ブローバ BULOVA
73 カール F.ブヘラ CARL F. BUCHERER
74 カシオ CASIO
75 ショーメ CHAUMET
76 ショパール CHOPARD
77 クロノスイス CHRONOSWISS
78 シチズン CITIZEN
79 コルム CORUM
80 クエルボ・イ・ソブリノス CUERVO Y SOBRINOS
81 ディオール DIOR
82 エベル EBEL
83 エドックス EDOX
84 フォルティス FORTIS
85 フレデリック・コンスタント FREDERIQUE CONSTANT
86 グラスヒュッテ・オリジナル GLASHüTTE ORIGINAL
87 グライシン GLYCINE
88 グラハム GRAHAM
89 グッチ GUCCI
90 ハミルトン HAMILTON
91 ハリー・ウィンストン HARRY WINSTON
92 H.モーザー H.MOSER & CIE.
93 ジャケ・ドロー JAQUET DROZ
94 ジャンリシャール JEANRICHARD
95 ユンハンス JUNGHANS
96 ロンジン LONGINES
97 ルイ・エラール LOUIS ERARD
98 ルイ・ヴィトン LOUIS VUITTON
99 モーリス・ラクロア MAURICE LACROIX
100 マイスタージンガー MEISTER SINGER
101 モンブラン MONTBLANC
102 ノモス・グラスヒュッテ NOMOS GLASHÜTTE
103 オリエント ORIENT
104 オリス ORIS
105 ピエール・ドゥ・ロッシュ PIERRE DEROCHE
106 ラルフ ローレン RALPH LAUREN
107 レッセンス RESSENCE
108 ロジェ・デュブイ ROGER DUBUIS
109 セイコー SEIKO
110 ジン SINN
111 スピーク・マリン SPEAK-MARIN
112 ストーヴァ STOWA
113 ティソ TISSOT
114 チュチマ TUTIMA
115 ユリス・ナルダン ULYSSE NARDIN
116 ヴァン クリーフ&アーペル VAN CLEEF & ARPELS
117 ヴェンペ WEMPE
118 ゾディアック ZODIAC

第4章 もっと腕時計を知る

第1章
腕時計の基本

何事にも、作法がある。高級腕時計の購入を考えるにあたって知るべき基本的なことがある。それらを知り尽くした識者たちの金言に、まずは耳を傾けてほしい。そこから自分の好みを見つけよう。

知っておきたい

腕時計の基礎知識

腕時計の雑誌やカタログを見ると、専門用語が当たり前のように使われていることが多い。
なかには聞いたこともない言葉もあるかもしれないが、
ここでそれぞれの意味を正しく理解しておこう。

Basic Knowledge of Watches

各パーツの名称

ここでは、腕時計の見える部分の代表的パーツを説明したい。たとえば一口に“針”といっても数種類あるし、ケースといっても素材は多数ある。どんな素材が使われているかにより、時計の機能も変わってくるのだ。

時針

現在が何時かを表す針。短針ともいわれる、分針と比べ短い方の針。

風防

ダイアル上部の針などを保護するためのガラス。ガラス以外にも、アクリル樹脂、サファイアクリスタルなどが使われる。

インデックス

文字盤の時や分を示す数字や目盛り。アラビア数字のものはアラビックインデックス、ローマ数字はローマンインデックスと呼ばれる。

ケース

ムーブメントを収納し、文字盤をつけるためのパッケージ。素材は機能などにより、ステンレスやゴールド、チタン等多数ある。

ベゼル

時計外周部にあるサークル状のパーツ。GMTやダイバーズ、クロノグラフなどに取りつけられ、タキメーター機能など用途は幅広い。

文字盤

ダイアルともいわれ、時計の顔にあたる。時刻表示のための数字や、メーカーのロゴなども書かれている。素材は多数ある。

分針

現在が何分かを表す針。長針とも呼ばれる、時針と比べ長い方の針。

リューズ

漢字表記では「竜頭」。時計の右側につけられた、ゼンマイを巻き上げるための突起。リューズを引くと時刻やカレンダー合わせができる。

ラグ

ケースの足のような部分で、ブレスレットやベルトを固定する部位。アタッチメントやホーンともいわれる。

ベルト

時計を腕にはめるためのバンドで、ブレス、またはストラップともいわれる。ステンレススチールやゴールドなど、用途に応じ素材は多数。金属製以外に、革ベルトのものもある。

機械式時計とクォーツ時計

腕時計を大きく分けると、ムーブメントから機械式とクォーツの２つに分類される。これはどちらが良い悪いではない。それぞれの特徴をよく理解して、自分のライフスタイルに合ったタイプを選ぼう。

機械式時計の特徴

・時計としてのステータスが高い
・電池交換の必要がない
・オーバーホールが必要
・耐用年数がクォーツより長い

クォーツ時計の特徴

・時計としての精度が高い
・機械式に比べ価格が安い
・機械式に比べ衝撃に強い
・メンテナンスが簡単

	機械式時計	クォーツ時計
価格帯	1万円台から、数十万、数百万円台と、時計によりかなり異なる	100円SHOPでも買えるが、数千円～数万円台が多い
精度	平均日差±10秒程度	平均月差±20秒以下
駆動時間	40時間前後が多いが、7DAYS、10DAYSのモデルも	約2～3年で電池交換が必要
耐用年数	きちんとメンテナンスしていれば一生使える	モジュールの寿命が約10年
オーバーホール	3～4年ごとにオーバーホールが必要	とくになし
衝撃耐性	ダイバーズなど例外もあるが、精密機械なので基本はない	1～2メートルくらいなら落としてもほぼ耐える

実用重視で選ぶか趣味で選ぶか

時計にとっていちばん大切なことは、時刻を正確に表示すること。この主張はおおむね正しい。それで考えるなら、時計選びはクォーツだけとなってしまうのだが、必ずしもそうとは限らないところに時計選びの楽しさと奥深さがある。時計を知っている人、好きな人ほど、機械式を選ぶ。それは電気を使わずに、ゼンマイだけで動いていることのロマン、腕に乗ってしまうだけの小さなスペースに精緻なメカを創り出す職人への尊敬など、理由は様々だ。もはや芸術品の域にまで達している時計もあり、価格的にもクルマはおろか、家よりも高いモデルすらある。一方、クォーツは、限りなく正確だし、電池ある限り動きづける。スポーツなどの計測に、秒単位まで正確な時を知るためのツールと考えるならば、クォーツ一択だ。また価格的に手が届きやすいというのもクォーツの魅力だろう。

ムーブメントのタイプ

時計にとって車のエンジンにあたるのがムーブメント。
機械式とクォーツ式の違いは前のページの通りだが、
それぞれさらにタイプが分かれている。ここではそれを紹介しよう。

機械式

自らがゼンマイを巻くという行為を楽しめる

手巻き

機械式時計には、手巻きと自動巻きとの2種類がある。手巻きはリューズを自分で巻き上げて時計を動かす作りで、これを面倒と考える人にはすすめられないタイプだ。手巻きの良さは、構造がシンプルなことによる耐久性、そして薄さだろう。そして最大の良さは、自らが巻くというこの仕組み自体にある。ゼンマイを巻けるのは、他では味わえない独特のものなので、ぜひ体感してほしい。またアポロ13号で有名なオメガスピードマスターのように、過酷な状況下で最も信頼できるメカだったという伝説も残っている。

構造がシンプルな手巻き。シンプルゆえにメカへの負担も少なく長持ちする。

機械式

機械式の魅力と実用さを兼ね備えていて使いやすい

自動巻き

着けている際に腕が動くことで、ムーブメントにあるローターを回転させ、その力でゼンマイを巻くのが自動巻きだ。多くのモデルで文字盤にはAUTOMATICと書かれている。使い勝手で考えれば、手巻きよりも自動巻きの方を圧倒的にすすめることができる。ただ、手巻きと違いローターが入る分、時計に厚みが出てしまうが、時計にはある程度のボリュームがある方が好きという人には美点となる。機械式を楽しみたい人には、手巻きでも自動巻きでも大きな差はないので、好みで選んでかまわないだろう。

初めての機械式時計なら、自動巻きがおすすめ。種類も価格も豊富だ。

クォーツ

信頼できる精度と多機能
手に届きやすい価格帯

電池式

クォーツは機械式に比べると精度がはるかに高いので、たとえば分単位の時刻認識が必要なシーンにはおすすめだ。また機械式に比べ、衝撃に強いため壊れにくく、電池交換以外の維持費はかからないので、コストパフォーマンスも良い。その分、故障したら修理よりも、モジュール交換または買い替えという場合が多く、基本、長く使うようには設計されていない。またジョギングなどをしている人には、タイムや心拍数、歩数などを計る機能が充実したモデルもいいだろう。

時間を正確に知るという実用性で
選ぶのであればクォーツだ。

クォーツ

太陽のエネルギーで動く
地球に優しいモデル

ソーラー式

ソーラー式とは、太陽エネルギーを電気エネルギーに換えて動く時計だ。太陽光がきちんと当たるところなら自然に充電ができて、基本的に電池交換の必要はない。通常の電池式腕時計だと2年くらいで電池がなくなるが、ソーラーならその手間とコストがかからない。ひとつ注意したいのは、エネルギーを蓄えておく蓄電池だ。ソーラーは電池交換が要らないといわれているが、充電効率が落ちてくれば蓄電池の交換が必要になるので、全く電池交換の必要がない、というのは正しくない。

選ぶ時は、コンパスや高度計測機能と
組み合わせ、万能感を楽しみたい。

番外

世界に誇る日本の技術
理想のハイブリッドモデル

スプリングドライブ

スプリングドライブは、機械式とクォーツとの優れたところを融合した理想のハイブリッドウォッチだ。機械式の長所は、トルクが高いこと。これにより、大きな針やデイト表示をするといった、いろいろな機能が搭載でき、時計デザインの幅が広がるのだ。それとクォーツの利点である制御システムを用いた、誤差の少ない高精度。動力は機械式のメカニズムなのにクォーツ並みの精度という、このシステムを実用化させたのは、世界でセイコーだけ。日本が誇るべき高い技術だ。

機械式なのに針は滑らかに進む、
これを見ているだけでもおもしろい時計だ。

Basic Knowledge of Watches

ケースの素材

壊れにくい、傷がつきづらいなど、実用面からステンレススチールが多い時計ケース。
しかし、近年ではケースの素材もバラエティに富み、たとえば金属以外にも
カーボンやセラミックなどを使ったケースが開発されている。

▼ プラチナ

ゴールドよりハイクラス

白金ともいう。腕時計に使われるプラチナは主にPt950。95%がプラチナで、強度を保つために5%にパラジウムが使われていることが多い。

▼ ゴールド

高いステータス性

腕時計に使われるのは主に18金で、その場合、金の比率は75%。イエローゴールド、ホワイトゴールド、ピンクゴールドなどがある。

▼ ステンレススチール（SS）

実用性にすぐれた素材

カタログなどでは「SS」と略されることが多い。合金鋼で、鉄に10.5%以上のクロムを含んでいる素材。錆びにくいのが特徴。

▼ セラミック

陶器のような素材

基本成分は、金属酸化物の熱処理で焼き固められた焼結体で、陶器に近いセラミック。耐熱性に優れていて、傷もつきにくい。

▼ チタン

金属アレルギーをおこしにくい

チタンは、銀白で金属光沢を持ち、軽くて耐久性や耐熱性に優れた素材といわれている。金属アレルギー体質の人におすすめ。

▼ カーボン

軽くて丈夫なハイテク素材

軽量で耐久性に優れた特徴を持つカーボンは、F1のボディや航空宇宙産業にも使われるハイテク素材。ケースだけでなくバンドに使われることも。

時計ケースに何を求めるのかが重要

時計を選ぶ時に、ビギナーはあまりケース素材について考えていないことが多い。なぜなら、一般普及ゾーンでのケース素材には、圧倒的にステンレススチールが多く、あまり他の素材のものと比較検討できないからだ。

なぜ多いのかというと、ステンレスが錆びにくく、傷がつきにくい素材で、最も価格がリーズナブルだからである。硬さでいえば、セラミックやチタンなどが上だが、それらは種類もステンレスと比べれば少なく、価格も高い。なので、趣味性の高いモデルになってしまっている。ましてやゴールドやプラチナになると、もっと価格は跳ね上がってしまう。そのため、無難という点から考えればステンレスがおすすめだ。多少ぶつけても傷はつきにくい。もし金属アレルギーであるならば、セラミックやチタンにするのが良いだろう。

ケースの形

一口に丸や四角と言っても、さらにその中にまた分類がある。
スタンダードなプレーンのラウンドタイプから、レトロなものまで、フォルムによって
イメージが変わるのも時計のおもしろさだろう。

クッション

クラシカルなテイスト

アンティークな雰囲気を演出するフォルム。スクエア型の外周の四隅を丸くしたケースデザインと、ラウンド型の文字盤との組み合わせ。

スクエア

アール・デコ調スタイル

正方形のケース。タグホイヤーのモナコや、カルティエのタンクが有名。とくにメンズではビッグサイズのモデルが人気。このタイプは「カレ」とも呼ばれる。

ラウンド

昔からある基本形

丸形のケースで、過去から現在まで最も人気のあるタイプ。気密性が高いフォルムで、視認性もとてもよい。腕時計では最も多用されている。

オーバル

レディースに多いモデル

オーバルとは楕円形のデザインの腕時計ケース。優雅なイメージから、レディースに多い。左右だけでなく上下に長いタイプもある。

レクタンギュラー

知性を感じるデザイン

長方形を指し、スクエアと同じく1930年代のアール・デコの影響を強く受けたデザイン。縦横の比率は時計によってさまざま。

トノー

洗練されたデザイン

フランス語で「樽」を意味するトノー。文字通り、樽の形をしている。ドレスウォッチで多く採用されるデザイン。「バレル」ともいう。

ラウンドが基本だが個性も主張したい

センターから伸びた針が360度回転する、というアナログ時計のメカニズムを考えれば、時計ケースの形はラウンドタイプが良い、というのは自然な考えだ。しかも時計に求められる気密性を高めるには、構造上ラウンドが向いているというのも自明の理だ。しかしながら、それだけではつまらない。ファッションにいろいろあるように、時計のケースデザインにも、ラウンドだけでなく、スクエアをベースとして、その発展形であるクッションやオーバルなどたくさんの種類があるので、自分の好きな形の1本をぜひとも見つけてほしい。

たとえばカチっとしたスーツを着る機会が多く、トラディショナルなドレスウォッチがほしいのであれば、レクタンギュラーやトノータイプがいいかもしれない。一般的にラウンド以外のモデルは個性的なタイプが多く、相手に与える印象も強くなるだろう。

機能とデザインのタイプ

腕時計の機能は、本来の特性以外にデザインでもその違いがよく表れている。
つまりクロノグラフならクロノグラフの特徴的デザインがあるということだ。
下の一覧から、気に入ったタイプを見つけてみよう。

3針

スーツに似合う腕時計

時針、短針、秒針だけのシンプルな腕時計。フォーマルなビジネスシーンでは腕時計は必需品だが、その時はデジタルではなくアナログ、そして、シンプルな3針タイプが向いている。

ダイバーズ

マッスルなデザインが特徴

ダイバーズとは、最低100メートルの潜水とその1.25倍の水圧への耐圧性を持つ時計。回転防止ベゼルや、暗い水中でも見やすい、蓄光インデックスによる視認性の高い文字盤が特徴。

クロノグラフ

シャープな3つ目がいい

クロノグラフとは、ストップウォッチつきの時計のことだが、機能だけでなく、精悍な3つ目のダイアルと、プッシュボタンのついたケースのデザインが好きという人も多い。

ムーンフェイズ

神秘的な月の満欠けを表示

ムーンフェイズとは、月齢表示によって、月の満ち欠けを知ることができる機構を持つ時計。夜空や月が描かれたプレートが、月の周期に従って29.5日で半回転する。

GMT

世界を感じさせる腕時計

GMTとは標準時間のこと。GMTウォッチとは、24時間で一周するGMT針と24時間表記のベゼルを持つ時計で、任意の2つの場所の時刻を同時に読み取れる機能を持つ時計。

永久カレンダー

華麗なる複雑時計の極

永久カレンダーとは、月末の日付の調整不要で、閏年までも自動調整してくれる時計。パーペチュアルカレンダーとも呼ばれる。機械式では高度な技術が必要となり、とても高価。

機能で選ぶか デザインで選ぶか

上記で紹介しているのが主な腕時計のタイプだ。どの時計も特徴的な機能を持っているが、実際のところは、機能を優先で選んでいるユーザーは少ないのではないだろうか。

たとえば、機械式クロノグラフのストップウォッチ機能を使って時間を計っている人はあまりいないだろうし、ダイバーズウォッチの所有者が皆100メートル潜水するとは限らない。それよりも、実際の機能はスマホにまかせて、腕時計に関しては、その機能を反映したフォルムの美しさや、文字盤のデザインが好きで着けている人が多いのではないだろうか。もちろんそれでかまわないと思うし、人によって重視する点が異なるのも時計選びのおもしろさだ。また、機械式の永久カレンダーやムーンフェイズなどの複雑時計は大変に高価であるが、いつかは……と夢見ることも楽しいはずだ。

ブレスレット & ストラップ

腕時計の腕に巻く部分が金属製のものをブレスレット、布・皮革・ラバーなどをストラップと呼ぶ。
ケースとのデザインバランスや、重さそのものなど、好みを見極めることが大事。
なにより一番肌に触れる部分なので、実際に腕に乗せて、その感触を試してほしい。

ブレスレット

ブレスレットは、コマをつなぎ合わせて構成される。その数が多いほど構造は複雑になるが、装着感は向上する。また重量バランスも重要だ。

3連

装着性と堅牢さが最適のバランス

3コマを並べ縦につなぐ構成の一般的な形状。強度と着け心地のバランスがよい。

クラシック

レトロ感と心地よい付け心地

1950年代に流行したタイプ。革ストラップのような滑らかな装着感が特長だ。

コンビネーション

上質なラグジュアリーさを強調

異素材を組み合わせたブレスレット。デザイン性を重視した仕様といえる。

ストラップ

天然皮革が一般的に仕様されている。素材は牛やワニなどが多い。近年、ダイバーズ系など高級スポーツモデルにナイロンも使用されている。

カーフ

美しくきめ細やかな代表的素材

天然皮革で一番ポピュラーなストラップ。手触りがよく柔軟で比較的耐久性がある。

アリゲーター

エレガントな高級レザー

高級腕時計に使用されるワニ革のひとつ。部位で異なる模様はクロコより小さめ。

ナイロン

カジュアルな軽やかさが人気

強度に優れる布ストラップ。ミリタリーやダイバーズウォッチに採用される。

ブレスレットの名称

バックル
ブレスレットの留め具のこと。片開き式と両開き式がある。

爪掛け
文字通り、バックルを開くときに、指を引っ掛けやすいように設けられた突起のこと。

エンドピース
12時と6時の先端、ケース上下にあたる筒状の金属部品。

本体コマ
ブレスレットを構成する金属ピース全体を指す。ブロックや筒状など様々な形状がある。

アジャストコマ
ネジ式のピンで止められたコマのこと。この部分を取り外して長さを調整することができる。

識者たちに聞いた！高級腕時計の魅力と選び方

これからはじまる「腕時計の図鑑」では、図鑑の中で各モデルについて時計のエキスパートたちがおすすめコメントを寄せている。彼らに腕時計の魅力と選び方を伺った。ぜひ、参考にしてほしい。

［カミネ 代表取締役社長］

上根 亨 さん

Toru Kamine

profile

正規時計宝飾専門店『カミネ』の4代目オーナー。長年培われた審美眼を持つ。

高級腕時計は人のぬくもりを感じることができる芸術品

「高級時計は、ケースやダイアルをはじめ、腕時計を動かすためのムーブメントのパーツまで、すべてが人の手によって組み立てられる、電気製品にはない人のぬくもりを感じることができる芸術品ともいえます。定期的にメンテナンスをすれば、自身の人生と共に時を刻む道具として使うことができるだけではなく、世代を超えて長く愛用することができます。

最初の1本を失敗しないため、まずは信頼できるお店とそこにいる販売員を選ぶことが大切です。その上で素直にご自身がどんなシチュエーションで時計を使うことが多いのかなど（タフな環境が日常的にあるとか）をお店の人に話しアドバイスを受ける、そして必ず試着してください。腕時計も洋服と同じでフィット感がとても大事ですから。

購入の際は、高級腕時計の歴史や文化なども正しく理解している正規取扱店で購入されることをおすすめします。正規取扱店で購入すると、その腕時計にとって適切なアフターサービスを受けることができますし、購入したお店が長年その場所に存在している歴史を持つところであれば、後々のメンテナンスやベルト交換などの細かな相談にも対応してもらえるため安心して長きにわたり通うことができます。

雑誌やネットで調べるだけではなく、まずは信頼できるお店を見つけるため売場に足を運んでください。時計はご自身の手首にあったバランスの良いサイズ感と装着感を感じることが大切なのです。必ず納得のいく1本に出会えると思います。購入するまでのストーリーは、購入された後も、とても素敵な思い出になると思います」

［アイアイ イスズ 時計マネージャー］

飯間賢治 さん

Kenji Iima

profile

香川県にある国内最大級の時計販売店、『アイアイ イスズ』の時計部門を統括。豊富な知識を持つ。

自分自身がいいと思った時計を買うことが重要

「たとえ、どんなにいい車、あるいは家でも、身に着けることはできないですよね。その点、高級腕時計は、若くても、お年を召しても違和感なく身に着けやすく、男性の最もステータス性の高いアイテムのひとつといえます。

最初の1本を選ぶ基準はさまざまでいいと思います。ビジネスかプライベートか。歴史で選ぶ、ブランドで選ぶ、デザインで選ぶ、性能で選ぶ……それぞれ基準が違うからこそ、自己満足度を上げることができます。ですので、自分自身がいいと思った時計を買うことが重要です。

どんな方でも最初は時計初心者です。あまり気張らずに、色々な時計やブランドの話などを時計店の方たちから聞いてみてください」

［和光 本館1階
フロアマネージャー］

神野重紀さん

Shigenori kamino

profile

銀座のシンボル、『和光』の時計売場のフロアマネージャー。服飾品などのフロアを経て、現職。

高級腕時計とは、実用品を超えた贅沢

「高級腕時計とは、実用品を超えた贅沢です。それを自分の一番身近な場所で所有することができるのが大きな魅力です。

最初の1本を選ぶときは、自分に必要なものは何かをしっかり見つめなおすことをおすすめします。正確な時間なのか、時計と楽しくすごす時間なのか……。間違えると満足ではなくストレスを感じることになります。

購入の際には、時計そのものの価値だけでなく、(歴史や人物など)その時計のブランドの背景も販売員と会話して、まずは楽しんでほしいですね。できれば色々なブティックの販売員とお話しされるといいのではないでしょうか。その中から、どのブティック、どの販売員と長い付き合いができるかどうかを見極めてほしいです。高級腕時計は、基本的に自分の人生の長き相棒となると思いますので、それを購入するには安心感が必要になってきますよね。

まずは直感を大事に。そして、自分と馬が合うブティックを見つけてほしいですね。そこで色々な話をして、本当の自分に合うブランド、1本を見つけてください」

［高級時計専門誌
『クロノス日本版』編集長］

広田雅将さん

Masayuki Hirota

profile

時計ジャーナリストを経て、今年、『クロノス日本版』(http://www.webchronos.net/)の編集長に就任。

第一に考えるのは、自分がどういう用途で使うのか

「人間が肌に着けられる機械で、その使い心地とかそういうものが考慮されているっていうのが、腕時計の面白いところです。そういったところでよくできたものを触ることができれば、時間を確認するたびにとても嬉しくなるんじゃないのかなと僕は思います。

高級腕時計って色んな種類があって、1本選ぶのは難しいですが、まず、自分がどういう用途で使うのかってことですよね。例えば、遊び、ビジネス……1本ですべてまかなえるってことはないので、自分がその時計を着けているシチュエーションを第一に考えるということです。次は腕に載せてみて、本当に、見た目、着け心地がいいのか、です。スペックばかりにこだわっているのもナンセンスだと思います。そこを基準にして、自分がいいなって思える時計だったら、それは多分長く付き合えるものだと思います。せっかく生きてる時間を確認するなら、自分が気に入ったもので確認したほうが、人生が楽しくなると僕は思ってます。

時計を目の前にして、店頭でのぼせ上がらずに、1日待って買うぐらいの感じだと、失敗することが少ないのではないでしょうか。一回冷静になってから、もう一度、腕に載せてみることです。衝動買いは後悔すると思います」

[BEST新宿本店 店長]

小林正樹さん

Masaki Kobayashi

profile

都内を中心に9店舗を展開するベスト販売。その旗艦店ともいえる新宿本店の店長。

機械式時計には一緒に時を刻む喜びがある

「携帯で時間がわかるので、時計はいらない――携帯電話が出たころは、そんなこともよくいわれましたが、あまり関係なかったようです。腕に着けて時間を見る――時計には、着けてる喜び、ファッションの一部としてコーディネイトを楽しんだりなど……そういう魅力があるんだと思います。

お客様に時計をおすすめするとき、選ぶ時計は目的、用途によって変わります。どういう仕事をしているのか、何歳なのか、予算はどのくらいなのか、普段はどういう格好なのか、仕事のときはどういう恰好なのか、普段着けるのか、仕事のとき着けるのか、あるいは常に着けるのか……そんなふうに十分お話を聞いてから、お客様に似合うものを提案しています。

ずっと使える時計を選ぶとなれば、お店でスタッフと相談し、よく考えて買いましょう。お店選びも時計選び以上に重要です。車だったら買う前に試乗して、服だったら試着するのと同じです。時計でもまずお店で実際に腕に着けてみて、全身を鏡で見てください。また、重さ、色の感じを確認して、どういう時計なのか特徴を聞いて買うといいと思います。

（機械式）時計というのは特別なものです。お風呂に入るときや、寝るとき以外は、大体身に着けていますし、メンテナンスをすれば一生使うことができます。自動巻きは、自分が動かないと止まってしまいます。持ち主が動くのをやめてしまったら止まってしまうんですね。手巻きなら、自分が巻いてあげないと動かないです。そういう意味で、一緒に時を刻む、一心同体のような喜びが時計にはあると思います」

腕時計の図鑑

図鑑の見方

次のページからはじまる「腕時計の図鑑」について解説していきます。

ブランド名

モデル名

コメント

正規販売店、時計ジャーナリストらによる各モデルの特徴やおすすめポイントに関するコメントを掲載しています。

- Ⓐ カミネ
- Ⓑ アイアイ イスズ
- Ⓒ ベスト販売
- Ⓓ 和光
- Ⓔ 時計専門誌『クロノス日本版』編集長・広田雅将さん
- Ⓕ 日本法人、正規代理店など
- Ⓖ 額田久徳さん

編集者。1962年、神奈川県生まれ。『モノ・マガジン』（ワールドフォトプレス）の編集デスクから、時計専門誌『ウオッチ・ア・ゴーゴー』（ワールドフォトプレス）の編集長に就任。その後、『GOETHE』（幻冬舎）の編集長代理に。腕時計担当編集者として、毎年のバーゼルワールド＆SIHHの取材や、スイス時計工房取材、CEOインタビューなど数多くをこなす。現在はスタジオジブリが発行する小冊子『熱風』の編集長を務めている。

適性アイコン

初心者向け、こだわり派向け、女性向き、スポーツの４アイコンがあり、そのモデルがどんな人、シチュエーションに向いているかを表しています。

スペック

価格表記は基本的に税抜で、2016年12月1日現在の価格を表記しています。

本文

ブランドの歴史を中心とする解説をしています。

タイプ別アイコン

自動巻き、手巻き、クォーツ、ソーラーに分け、サイズは、直径40ミリ～45ミリを中型とし、それ以上は大型、それ以下は小型に分類しています。また、100メートルまたは10気圧防水以上のモデルには、防水のアイコンがあります。

第 2 章
腕時計の図鑑
Part.1

高級腕時計の初心者であっても、一度は耳にしたことがあるだろう、ブランドの人気おすすめモデルを紹介。映画でスターが身に着けていたあの時計、不朽の名作と呼ばれるコレクションがここに勢ぞろい。

“奇跡の手”と呼ばれる熟練の技術と開発力

AUDEMARS PIGUET

こだわり派向け

ロイヤル オーク・ダブル バランスホイール オープンワーク

15407OR.OO.1220OR.01

上下の二重テンプは世界初の画期的機構

ふたつのテンプを同軸上に重ねることで、高い精度と安定性を向上させたモデル。その仕組みは、オープンワークでいつでも見ることができる。特許取得後、製品化するまで5年を費やした。

Spec

ケース素材：18kピンクゴールド
ケース直径・幅：41mm　**ケース厚**：9.9mm
文字盤カラー：スレートグレー
パワーリザーブ：約45時間　**定価**：7,650,000円

自動巻き　中型

Comment

ムーブメントが特徴的で、既存のキャリバー3120を改良したものなのですが、他社にない新しい調速機構を持ちながら厚さはわずか1ミリしか増していません。しかもオープンワークとすることにより、表と裏、両面でメカニズムを楽しむことができます。機構、仕上げ、装飾どれをとっても老舗ならではの素晴らしいモデルです。F

こだわり派向け

ロイヤル オーク・パーペチュアル カレンダー

26574BA.OO.1220BA.01

140年の歴史を受け継ぎ永遠の時を刻み続ける

複雑時計の伝統メーカーとして比類のない同社が誇る最新作。曜日、デイト、月、閏年、アストロノミカルムーンなどの要素がブルーダイヤルに美しく表示されている。

Spec

ケース素材：18Kイエローゴールド
ケース直径・幅：41mm　**ケース厚**：9.5mm
文字盤カラー：ブルー　**パワーリザーブ**：約40時間
定価：9,500,000円

自動巻き　中型　防水

Comment

ケース、ベゼル、ブレスレットの表面は、ヘアライン仕上げで独特な質感を強調。またエッジの部分はポリッシュで磨き上げており、上質な輝きが特徴。新しいライトブルーダイヤルが美しくマッチしたモデル。F

世界3大時計ブランドのひとつに並び称される

ジュール＝ルイ・オーデマとエドワール＝オーギュスト・ピゲという二人の時計職人がジュウ渓谷ル・ブラッシュに作った時計工房がブランドの始まり。1889年には、ソネリや永久カレンダーなどの超絶機構を搭載した「グランコンプリカシオン」をパリ万博で発表。1946年には厚さ2ミリに満たない世界最薄ムーブメントを開発した。手工業的な時計作りの伝統を守りつつ、積極的に技術開発にも邁進する同社は、やがて“奇跡の手”と称されるようになり、パテックフィリップ、ヴァシュロン・コンスタンタンと並んで、スイス3大時計ブランドのひとつとなった。

シンプルで隙のないデザインは、ハイクラスな雰囲気が隅々まで漂う。そんな独自のエレガンスを表現したドレス系モデルのほか、1972年の「ロイヤル オーク」ではラグジュアリースポーツウォッチの新境地を開拓。現在も同社を代表する人気モデルとして、世界のセレブを魅了している。

ロイヤル オーク コンセプト スーパーソヌリ

26577TI.OO.D002CA.01

最も洗練されたミニッツリピーター

軽量チタンケースを採用。従来のミニッツリピーターでは表現できないハイレベルな音色を作り出した。かつ20メートル防水という、まさにブランドを代表する名機と呼べる。

Comment

独自のゴング製法、調速装置の消音機構、そして豊かな音量を出すメカニズムの三つで特許を取得。人間にとって心地よい音を科学的に解析し革新的なケース構造を開発したモデル。トゥールビヨンやクロノグラフも搭載。Ⓕ

Spec A

ケース素材：チタン
ケース直径・幅：44 mm　**ケース厚**：16.5 mm
文字盤カラー：オープンワーク　**パワーリザーブ**：約42時間
定価：価格未定

手巻き　中型

スポーツ

ロイヤル オーク クロノグラフ

26320BA.OO.1220BA.02

イエローゴールドにブルー文字盤が美しい

特別感のあるイエローゴールドのクロノ。一目で忘れないほどの存在感がありながら上品、という完璧な調和は、このブランドだからこそ実現した世界だろう。

Spec A

ケース素材：18Kイエローゴールド
ケース直径・幅：41 mm
文字盤カラー：ブルー
パワーリザーブ：約40時間
定価：5,650,000円

自動巻き　中型　防水

Comment

ファーストモデルからの伝統にならい、ビス留め八角形のベゼルに、タペストリーダイヤルを採用、イエローゴールドというラグジュアリーな仕上げを施したオーデマ ピゲの新作モデル。秒・30分・12時間と積算計の3カウンターとデイト表示搭載。Ⓐ

ロイヤル オーク オフショア・ダイバー クロノグラフ

26703ST.OO.A027CA.01

カラフルで華やかなダイバーズウォッチ

写真のブルーのモデル以外に、イエロー、オレンジと3種類のバージョンがラインナップされている。すべてがオーデマ ピゲのブティックのみで販売される限定モデル。

Comment

メガ・タペストリー模様のダイアルに蓄光処理を施したホワイトゴールドのアプライドアワーマーカーとブルーの回転インナーベゼル、12時から3時までのゾーンにイエローのダイビングスケールを搭載。Ⓕ

Spec A

ケース素材：ステンレススチール
ケース直径・幅：42 mm　**ケース厚**：14.75 mm
文字盤カラー：ブルー
パワーリザーブ：約50時間　**定価**：2,800,000円

ドイツ宮廷時計の伝統を受け継ぐ正統派

A. LANGE & SÖHNE

こだわり派向け

1815 アップ／ダウン

235.032

懐中時計の伝統を踏襲した表示

アラビア数字、ブルースチールの針、レールウェイモチーフの分目盛りなど伝統的な仕様を持つモデル。かつての懐中時計にも搭載されていたパワーリザーブのAUF／AB表示は、同社が特許を取得している。

Spec

ケース素材：18Kピンクゴールド、18Kホワイトゴールド
ケース直径・幅：39 mm
ケース厚：8.7 mm
文字盤カラー：シルバー
パワーリザーブ：72時間
定価：2,850,000円
（18Kピンクゴールド、18Kホワイトゴールド共通）

手巻き　小型

Comment

創業者であるフェルディナント・アドルフ・ランゲの誕生年に由来する1815シリーズのパワーリザーブ・モデルです。Ⓑ

こだわり派向け

ダトグラフ・パーペチュアル

410.038

永久カレンダーを搭載するクロノグラフ

永久カレンダー機構を搭載した人気のクロノグラフ。18Kホワイトゴールドのケース、グレーのダイアルという組み合わせが落ち着いた品格を表現している。

Spec

ケース素材：18Kホワイトゴールド、18Kピンクゴールド
ケース直径・幅：41 mm　ケース厚：13.5 mm
文字盤カラー：グレー、シルバー
パワーリザーブ：36時間
定価：13,740,000円
（18Kホワイトゴールド共通、18Kピンクゴールド）

手巻き　中型

Comment

プレシジョン・ジャンピング・ミニッツカウンターフライバック・クロノグラフ。2100年まで修正不要の永久カレンダー機構を搭載しています。Ⓑ

戦争に翻弄されながらランゲ1で見事に復活

ザクセン宮廷時計師、グートケスの下で修業したフェルディナント・アドルフ・ランゲが、自らの時計工房を設立したのは1845年。彼は地元の若者を受け入れ、貧困にあえいでいたこの地の救世主として、18年間市長も務めた。

時計作りにおいては、足踏み式の旋盤を取り入れるなど当初から「完璧な時計」を目指した。ムーブメントを4分の3プレートで覆ったグラスヒュッテ独特の丈夫な構造も、同社が創業期に採用したもの。1863年にクロノグラフ懐中時計、1891年には自動巻き懐中時計を開発するなど、高い技術力でその名を知られていく。

第二次大戦後に東独政府に国有化されるが、"ベルリンの壁"崩壊に伴い1990年に復興。1994年の第1弾コレクション「ランゲ1」は、王宮時計の伝統を受け継ぐ荘厳な作りが評判に。このほか、現行モデルのすべてに、スイス時計とは一線を画す質実剛健なドイツ時計の魅力が詰め込まれている。

こだわり派向け

ランゲ1

191.025

象徴的なモデルに新キャリバーを搭載

ムーブメントが完全に新設計となったA.ランゲ&ゾーネの定番モデル。ランゲにとって50個目の自社製キャリバーであり、偏芯マスロットを搭載することで高い精度を実現している。

Spec

ケース素材：プラチナ、18Kピンクゴールド、18Kホワイトゴールド、18Kイエローゴールド
ケース直径・幅：38.5 mm　**ケース厚**：9.8 mm
文字盤カラー：ロディウム、シルバー、またはシャンパン
パワーリザーブ：72時間
定価：4,900,000円（プラチナ）
3,550,000円（18Kピンクゴールド、18Kホワイトゴールド、18Kイエローゴールド）

手巻き　小　型

Comment

再復興後初のモデルとして1994年の誕生以来、確固たる地位を築いているフラッグシップ・モデルです。B

こだわり派向け

リヒャルト・ランゲ

232.026

最高の精度を目指す伝統継承モデル

19世紀から20世紀にかけて同社が製作した科学研究用デッキウォッチの伝統を受け継ぐモデル。あらゆる点で最高の精度と視認性を優先し、6分の1秒の精度で時刻を読み取る。

Spec

18Kホワイトゴールド、18Kピンクゴールド
ケース直径・幅：40.5 mm　**ケース厚**：10.5 mm
文字盤カラー：ロディウム、シルバー
パワーリザーブ：38時間
定価：3,350,000円（18Kピンクゴールド、18Kホワイトゴールド共通）
※18Kホワイトゴールドはブティック限定です

手巻き　中　型

Comment

アドルフ・ランゲの長男リヒャルトへのリスペクトとして発表されたシリーズ。精度と視認性を最も重要視して製造されているコレクションでもあります。B

こだわり派向け

サクソニア

219.032

極めてシンプルなデザインを追求

1994年に発表されたベーシックモデルが時代と共に進化。昨年のモデルチェンジで、ケース径が37ミリから35ミリに縮小されたが、文字盤デザインの修正でダイアルは拡張し、時計自体の存在感はアップした。

Spec

ケース素材：18Kピンクゴールド、18Kホワイトゴールド
ケース直径・幅：35 mm
ケース厚：7.3 mm
文字盤カラー：シルバー
パワーリザーブ：45時間
定価：1,710,000円（18Kピンクゴールド、18Kホワイトゴールド共通）

手巻き　小　型

Comment

1994年に誕生したシンプルでドイツらしい質実剛健な雰囲気が魅力のモデルです。B

こだわり派向け

ツァイトヴェルク

140.032

技術力が裏打ちする独創的なデザイン

大胆なデジタル式の時刻表示で、巨大なトルクを一定制御する同社初のシステムを搭載。計3枚のディスクを使った大型の時分表示を、寸分の狂いもなく一瞬で回転させる。

Spec

ケース素材：18Kピンクゴールド、18Kホワイトゴールド
ケース直径・幅：41.9 mm　**ケース厚**：12.6 mm
文字盤カラー：シルバー、ブラック
パワーリザーブ：36時間
定価：7,710,000円（18Kピンクゴールド、18Kホワイトゴールド共通）

手巻き　中　型

Comment

19世紀に創業者が手がけたデジタル式の機械式置き時計へのオマージュ。9時位置が時、3時位置が分を表示します。B

1735年の創業以来、機械式時計だけを作り続ける

BLANCPAIN

スポーツ

フィフティ ファゾムス オートマティック

5015-1130-52A

ダイバーズウォッチの原型となったモデル

1953年に発表された初代のデザインを忠実に継承するモデル。自社で新たに開発したキャリバー1315を搭載し、300メートルの防水性能と5日間パワーリザーブを備えている。

Spec

ケース素材：ステンレススチール
ケース直径・幅：45 mm
ケース厚：15.5 mm
文字盤カラー：ブラック
パワーリザーブ：5日間（120時間）
定価：1,430,000円

自動巻き 中型 防水

Comment

1953年にフランス海軍の依頼によって製作された元祖ダイバーズウォッチ。ボリューム感と変わらないレトロな雰囲気が魅力です。Ⓒ

女性向け

ウーマン コンプリートカレンダー

3663A-4654-55B

美と洗練を愛する女性向けモデル

女性のためだけに設計、デザインされた「ウーマン コレクション」のコンプリートカレンダー。ベセルに配されたダイヤがエレガントな逸品。

Spec

ケース素材：ステンレススチール
ケース直径・幅：35 mm　ケース厚：10.57 mm
文字盤カラー：ホワイト パワーリザーブ：100時間
定価：1,840,000円

自動巻き 小型

Comment

女性専用モデル＋機械式という、一見組み合わせの難しい機構とコンセプトを、上手にまとめたのはさすがブランパン。Ⓖ

伝統を守りながら革新を続ける

1本の時計をひとりの職人が製作するプロセスを古くから確立し、ジュウ渓谷における時計産業の基盤を築いたブランパンは、その伝統的な手法を継承しながら、数々の傑作を世に送り出してきた。

1953年には回転ベゼルを搭載した本格ダイバーズ「フィフティファゾムス」で名声を高めた。1980年代高級機械式時計は深刻な危機に瀕していたが、1987年には世界最小のミニッツリピーター、1989年に自動巻きスプリットセコンドと、積極的に複雑時計を開発。その集大成ともいえるのが、永久カレンダーやトゥールビヨンなど6大傑作複雑機構を搭載して1991年に発表された「1735」である。

現行コレクションは、クラシックな「ヴィルレ」、ダイバーズウォッチの「フィフティファゾムス」ほか、幅広い製品で構成。1735年にヴィルレで創業した当時の製品哲学は、確実に現代へと受け継がれている。

スポーツ

フィフティ ファゾムス バチスカーフ フライバック クロノグラフ

5200-0130-B52A

秀逸なデザインと高機能を陸上でも

普段使いできるダイバーズウォッチとして発表されたモデル。フライバック機能を備えた新キャリバーF385を搭載し、ストラップにはヨットの帆の素材を使用しているのも特徴。

Comment

過去の実在同名モデルを忠実に再現しつつ、高速振動など最先端スペックを搭載。NATOストラップの備品を購入し、交換して使用するのもおすすめです。Ⓒ

Spec
- ケース素材：ブラックセラミック
- ケース直径・幅：43.6 mm
- ケース厚：15.25 mm
- 文字盤カラー：ブラック
- パワーリザーブ：50時間
- 定価：1,680,000円

自動巻き　中 型　防 水

こだわり派向け

ヴィルレ コンプリートカレンダー

6654-1127-55B

職人のノウハウと先端技術の融合

「ヴィルレ」とは同社が誕生した地名で、コンプリートカレンダーとムーンフェイズを搭載した代表的なモデル。端正な出で立ちの中にお月様の顔をデザイン。

Comment

カジュアルにもお使いいただける堅すぎないデザインが人気。ムーンフェイズに描かれた可愛らしい顔が特徴的です。Ⓒ

Spec
- ケース素材：ステンレススチール
- ケース直径・幅：40 mm　ケース厚：10.65 mm
- 文字盤カラー：ホワイト
- パワーリザーブ：72時間
- 定価：1,470,000円

自動巻き　中 型

スポーツ

L-エボリューションR フライバック クロノグラフ ラージデイト

R85F-1103-53B

革新を思わせるカーボンファイバー

ランボルギーニとパートナーシップを組む同社ならではのモデル。フライバッククロノグラフとビッグデイトの機能を持ち、カーボン素材を使った文字盤が特徴的。

Spec
- ケース素材：ステンレススチール
- ケース直径・幅：43.5 mm
- ケース厚：12.9 mm
- 文字盤カラー：カーボン
- パワーリザーブ：40時間
- 定価：1,830,000円

自動巻き　中 型　防 水

Comment

モータースポーツからインスパイアされたスポーツ・ウォッチ。スパルタンな印象でクルマ好きの方からの支持を集めています。Ⓒ

こだわり派向け

ヴィルレ ウルトラスリム

6651-1127-55B

究極の薄さは高い技術の象徴

ブランパンを代表するモデルのひとつ。無駄のない輪郭や滑らかな素材感が洗練された印象で、搭載するキャリバー1151がムーブメントの厚みを極限まで薄くしている。

Spec
- ケース素材：ステンレススチール
- ケース直径・幅：40 mm
- ケース厚：8.7 mm　文字盤カラー：ホワイト
- パワーリザーブ：100時間　定価：970,000円

自動巻き　中 型

Comment

文字盤は極めてオーソドックスなデザインながら、ブランパンの象徴であるダブルステップベゼル等で独特の存在感を放っています。Ⓒ

Switzerland

ブレゲ

時計の歴史を２世紀早めた天才時計師の遺産

BREGUET

こだわり派向け

タイプ XXII（トゥエンティトゥ）

3880ST/H2/3XV

伝統的なスタイルと最先端技術の共存

フランス海軍航空部隊のためにデザインしたモデルの60周年を記念して制作。世界初の20振動ムーブメントは、シリコン製の脱進機とひげゼンマイを採用した最先端のクロノグラフ。

Spec

ケース素材：ステンレススチール
ケース直径・幅：44 mm
ケース厚：18.05 mm
パワーリザーブ：45時間
定価：2,180,400円
（カーフストラップ）
2,340,000円
（ブレスレット）

自動巻き　中型　防水

Comment

毎時7万2000振動の超ハイビートにより、30秒で一周するクロノグラフ針の正確かつ滑らかな運針を実現しています。Ⓑ

こだわり派向け

クラシック トゥールビヨン エクストラフラット オートマティック 5377

5377PT/12/9WU

職人技が光る世界最薄機械式時計

ケースの厚さが7ミリという超薄型モデルは、最先端の技術によって3ミリにまで薄くしたムーブメントによって実現。4種類の異なるギョシェ模様が施された文字盤デザインも美しい。

Spec

ケース素材：プラチナ
ケース直径・幅：42 mm　ケース厚：7 mm
パワーリザーブ：80時間　定価：19,159,200円

自動巻き　中型

Comment

2014年に発表された超薄型自動巻きトゥールビヨン。毎秒8振動のハイビート、パワーリザーブは最大80時間です。Ⓑ

機械式時計の原理の約７割をブレゲが発明

1747年にスイスで生まれ、時計職人としての人生の大半をパリで過ごしたアブラアン-ルイ・ブレゲ。"時計の進化を2世紀早めた"と称される天才時計師である。

重りの振動でゼンマイを自動巻き上げするペルペチュエル、ゴングを採用したリピーターウォッチ、テンプのテン真を衝撃から守る初めてのパラシュート耐震機構、重力の影響を均等化して精度安定を図るトゥールビヨン、ヒゲゼンマイ、ツインバレル、マリン・クロノメーターなど、発明は機械式時計の原理の約70％に及ぶといわれた。また、時計を芸術にまで高めたことでも知られ、ブレゲ針、ブレゲ数字、ギョシェ文字盤、シースルーバックも、ルーツは初代ブレゲにある。かつての顧客名簿には、かのナポレオンやマリー・アントワネットの名もあり、名声は広くヨーロッパ中に轟いた。

初代ブレゲの技術とイノベーションへの情熱を、現代のブレゲは腕時計として受け継いでいる。

こだわり派向け

ヘリテージ 5400

5400BR/12/9V6

高度な技術による 優雅な湾曲ライン

伝統的なトノー型ケースをやや縦長のフォルムにしたモデル。コインエッジが施されたブレゲらしいケースの中に、3種類の精緻なギョシェを刻んだ立体感溢れる文字盤を設置。

Spec

ケース素材：18Kローズゴールド
ケース直径・幅：42 mm×35 mm
ケース厚：14.45mm
パワーリザーブ：52時間
定価：4,660,000円

自動巻き　中　型

Comment

古典的なデザインを現代的に表現しているヘリテージ・コレクションです。手首に沿うように湾曲したケースも特徴です。Ⓑ

こだわり派向け

トラディション 7057

7057BB/G9/9W6

ブランドの伝統を ひと目で表すモデル

フランス革命の時代、まだ腕時計が誕生していない1796年に同社が発売した懐中時計のオマージュ。裏もスケルトンになっており、ムーブメントを構成するほとんどの部品を見ることができる。

Spec

ケース素材：18Kホワイトゴールド
ケース直径・幅：40 mm
ケース厚：11.65 mm
パワーリザーブ：50時間
定価：3,080,000円

手巻き　中　型

Comment

懐中時計をヒントに発表されたコレクション。オフセンターに配置された時刻表示や文字盤から歯車を眺めることができます。Ⓑ

女性向け

クイーン・オブ・ネイプルズ 8928

8928BB/51/844DD0D

高貴な印象をたたえる 女性向けのブレゲ

今から200年も前、ナポリ王妃だったカロリーヌのために作られた時計。マザーオブパールの文字盤を139個、約1.32カラットのダイヤモンドが取り囲み、優雅な気品を持つ。

Spec

ケース素材：18Kホワイトゴールド
ケース直径・幅：33 mm×24.95 mm
ケース厚：8.6 mm
パワーリザーブ：38時間
定価：3,910,000円（ストラップ）
6,690,000円（ブレスレット）

自動巻き　小　型

Comment

1812年、ナポレオン一世の妹だったナポリ王妃のために世界最初の腕時計を再現製作したモデルです。Ⓑ

こだわり派向け

マリーン 5827

5827BR/Z2/5ZU

ブレゲらしさ溢れる 風格あるデザイン

ブレゲがフランス海軍省の御用達時計師であったことに由来するコレクション。波をイメージした文字盤のギョシェ模様、ブレゲ針やコインエッジなどのディテールは、スポーティーかつ品格を備えている。

Spec

ケース素材：18Kローズゴールド
ケース直径・幅：42 mm
ケース厚：14.1 mm
パワーリザーブ：48時間
定価：3,410,000円（ラバーストラップ）
5,580,000円（ブレスレット）

自動巻き　中　型

Comment

フランス海軍のマリン・クロノメーターの製造者、アブラアン-ルイ・ブレゲが築き上げた偉大な遺産へのオマージュ・モデルです。Ⓑ

“プロの計器”として航空界とともに進化
BREITLING

Switzerland

ブライトリング

こだわり派向け

アベンジャー II
A339B32PSS

極限状態を想定したプロのための仕様

同社のコレクションの中でも、極めてタフな仕様で人気のモデル。人間工学をもとに設計されたケースは若干のスリム化が図られており、ライダータブはベゼル一体型になっている。

Comment

まさにブライトリングという存在感のあるケースデザインが特徴。迫力あるブライトリングならではのモデルで、腕に乗せるとしっくりくるケースはぜひ一度お試しいただきたいです。Ⓒ

Spec

ケース素材：ステンレススチール
ケース直径・幅：43 mm
ケース厚：16.5 mm
文字盤カラー：ボルケーノブラック
本体重量：117.05 g
パワーリザーブ：約42時間
定価：610,000円

自動巻き　中型　防水

こだわり派向け

ナビタイマー 01
A022B01KBA

パイロット協会が認定した不朽の名作

1952年に発表された世界初の航空計算尺付きクロノグラフ。その初代のデザインへのオマージュが、細かな目盛りや刻み入りのベゼルにあしらわれる。43ミリのケース径は存在感がある。

Spec

ケース素材：ステンレススチール
ケース直径・幅：43 mm
ケース厚：14.25 mm
文字盤カラー：ブラック
本体重量：81.2 g
パワーリザーブ：70時間以上
定価：860,000円

自動巻き　中型　防水

Comment

航空時計のパイオニア的モデル。半世紀以上にわたりほとんど変わることのないデザインが特徴。飽きることなく末長くご愛用いただけます。Ⓒ

クロノグラフを知り尽くす パイロットウォッチの雄

1884年の創業当初から精密機器を製造。「腕に装着できるクロノグラフがあればパイロットに役立つ」と考えて時計の開発に着手。1915年に初の専用プッシュボタンつきクロノグラフ腕時計を完成させ、1934年にはリセット専用ボタンも開発。さらに、ジェット旅客機が誕生した1952年、不朽の名作「ナビタイマー」が完成。その信頼性の高さが評価され、AOPA（飛行機所有家およびパイロット協会）の公式時計にも選ばれた。1984年には新世代の機械式クロノグラフ「クロノマット」を生み出すなど、多くの傑作を輩出した。

こだわり抜いた同社の時計は、いずれも視認性や耐久性などプロ仕様として高い評価を得る。精度に関しては、1999年に業界初の「100％クロノメーター化」を宣言。2009年の「キャリバー01」を皮切りに、自社製キャリバーも積極的に開発し、〝プロのための計器〟に搭載している。

※本体重量は全て、ステンレススチールケースにカーフストラップ・穴どめ尾錠がついた仕様での重さです。

こだわり派向け

トランスオーシャン クロノグラフ

A015B99OCA

名機を彷彿とさせる Cal.01 搭載モデル

1950年～1960年代に製造されたクロノグラフを思わせるCal.01搭載モデル。わずかに曲線を描く文字盤の外周が、往年のミネラルクリスタルの雰囲気を感じさせる。

Spec
ケース素材：ステンレススチール
ケース直径・幅：43 mm
ケース厚：14.35 mm
文字盤カラー：ブラック
本体重量：91g
パワーリザーブ：70時間以上
定価：920,000円
自動巻き 中型 防水

Comment

1950～60年代のデザインを現代によみがえらせ、細部にわたってこだわりぬかれた作り込みで色々なシチュエーションで使用いただけます。多くのお客様より支持をいただいているモデルです。Ⓒ

初心者向け

コルト クロノグラフ オートマチック

A181B83PCS

迫力あるデザインと実用性が両立する

同社のベーシックライン「コルト」のクロノグラフ。200メートル防水の大型44ミリケースにムーブメント・ブライトリング13を搭載し、ベゼルには立体的なライダータブを装備。

Spec
ケース素材：ステンレススチール
ケース直径・幅：44 mm
ケース厚：14.7 mm
文字盤カラー：ボルケーノブラック
本体重量：118.95 g
パワーリザーブ：約42時間
定価：550,000円
自動巻き 中型 防水

Comment

機械式クロノグラフを長く作り続ける中で、ハイ・コストパフォーマンスを実現したモデル。デザインもオンオフ問わずご使用いただける万能タイプ。Ⓒ

こだわり派向け

スーパーオーシャン II 42

A182B67OPR

新たなサイズで装着感が高まった

同社を代表するダイバーズウォッチをボーイズサイズにリニューアルしたモデル。内側に24時間表記のあるアラビアインデックス文字盤が、90年代後半のモデルを彷彿とさせる1本。

Spec
ケース素材：ステンレススチール
ケース直径・幅：42 mm　ケース厚：13.3 mm
文字盤カラー：ボルケーノブラック
本体重量：93.5 g　パワーリザーブ：40時間
定価：370,000円
自動巻き 中型 防水

Comment

ブライトリングのダイバーズウォッチの代表モデル。ベゼルにラバーをモールド加工したり、視認性を追求した文字盤が特徴的。それでいて普段使いでも違和感なくご使用いただけるモデルです。Ⓒ

こだわり派向け

クロノマット 44

A011B67PA

クロノグラフの代名詞的な存在

1942年に初代が誕生して以降、進化を続けてきた代表的モデル。自社開発のムーブメント・ブライトリング01を搭載し、70時間パワーリザーブやデイト機能などは圧倒的な完成度を誇る。

Spec
ケース素材：ステンレススチール
ケース直径・幅：44 mm　ケース厚：16.95 mm
文字盤カラー：オニキスブラック　本体重量：128.6 g
パワーリザーブ：70時間以上　定価：920,000円
自動巻き 中型 防水

Comment

バリエーション豊富なハイスペックなフラッグシップ・モデル。高性能自社開発ムーブメント搭載で、機械式時計を初めて使用される方から2本目以降の方まで、幅広くブライトリングの高クオリティをご堪能いただけます。Ⓒ

イタリアンスタイルをスイスメイドで実現

BVLGARI

初心者向け

ブルガリ・ブルガリ

102110

美しいフォルムはブランドの象徴

1975年の発表以来、ブランドを象徴するモデル。古代ローマのコインにインスパイアされたフォルム、ベゼルのダブルロゴはそのままに、新しい質感のシルバーの文字盤が印象的。

Spec
ケース素材：ステンレススチール
ケース直径・幅：39 mm
ケース厚：9.91 mm
文字盤カラー：シルバー
定価：710,000円

自動巻き　小型

Comment

腕時計業界へ進出する足掛かりとなった1975年発表のブルガリ・ブルガリコレクションです。現在でも不動の地位を治めています。B

スポーツ

ディアゴノ スクーバ

102323

エレガントを感じるダイバーズウォッチ

2015年に新作が登場した同社のシンプルなダイバーズモデル。ケース径は41ミリとサイズアップしたものの厚さは10.75ミリとなり、ダイバーズウォッチとしては薄さが際立っている。

Spec
ケース素材：ステンレススチール
ケース直径・幅：41 mm　**ケース厚**：10.75 mm
文字盤カラー：ブラック　**パワーリザーブ**：約42時間
定価：780,000円

自動巻き　中型　防水

Comment

1994年に誕生したギリシャ語で競争するという意味をもつスポーツ・ウォッチです。以降、同社の定番コレクションになっています。B

洗練されたデザインと積極的な経営戦略で飛躍

銀細工師だったソティリオ・ブルガリが、ローマに宝飾店を開いたのは1884年。イタリアのルネッサンスや19世紀ローマ派の銀細工、ギリシャ建築などをモダンに融合した「ブルガリ・スタイル」でジュエリー界に確固たる地位を築いた。1920年代から上流階級向けのドレスウォッチを手がけているが、本格的な時計製造は1970年代以降。1975年の「ブルガリ・ローマ」に続く1977年の「ブルガリ・ブルガリ」が大ヒット。1980年代に入ると時計部門の発展を図り、ブルガリ・タイム社をスイスに設立。宝飾ブランドとしても一流の同社らしいファッション性の高い時計を、世界の時計ファンが支持した。転機は2010年。傘下のジェラルド・ジェンタとダニエル・ロートを完全に統合して、ウォッチメーカー宣言。現在はムーブメントだけでなく文字盤や外装も自社製造し、マニュファクチュールとしての存在感を世界に示している。

こだわり派向け

オクト バイレトロ

102370

複雑に折り重なる動きで時を楽しむ

文字盤には「ジャンピングアワー」を採用し、「逆行」を意味するレトログラード機構がより強調されたモデル。110の面から成り立った複雑で独創的なケースも健在。

Spec
ケース素材：ピンクゴールド
ケース直径・幅：38 mm
ケース厚：11.65 mm
文字盤カラー：ブラック
パワーリザーブ：約42 時間
定価：3,800,000円
自動巻き 小型 防水

Comment

上の針は分針、下の針はカレンダー表示というと、ふたつのレトログラード針がとてもユニークなモデル。G

こだわり派向け

ブルガリ・ローマ フィニッシモ

102505

パンテオン神殿の円柱大理石がモチーフ

「ブルガリ・ブルガリ」のベゼルにブランド名を彫り込む大胆なスタイルの原点となったモデル。超薄型のキャリバー・フィニッシモを搭載した。

Spec
ケース素材：ピンクゴールド
ケース直径・幅：41 mm
ケース厚：5.15 mm
文字盤素材：アンスラサイト
パワーリザーブ：約65 時間
定価：2,560,000円

手巻き 中型

Comment

2.23ミリという、自社製造の手巻き極薄ムーブメントが搭載されているため、よりスタイリッシュなフォルムになっています。G

スポーツ 初心者向け

ディアゴノ マグネシウム

102306

最先端の技術でハイテク素材を成型

モデル名に掲げるほどマグネシウムという素材にこだわったスポーツコレクション。軽量で頑強なマグネシウムをミドルケースに採用し、ベゼルには耐傷性に優れたセラミックを使用。

Spec
ケース素材：マグネシウム&PEEK
ケース直径・幅：41 mm
ケース厚：9.48 mm
文字盤カラー：ブラウン
パワーリザーブ：42時間
定価：465,000円
自動巻き 中型 防水

Comment

2015年に復活したディアゴノ。さらなる進化で、素材にマグネシウム合金を使い、これまで以上にタフです。G

初心者向け

オクト ウルトラネロ

102581

究極の黒をまとう力強い八角系フォルム

オクトとはラテン語で8を意味し、八角形と円の調和をモチーフにデザインされたモデル。大胆ながらも繊細で特徴的なケースに、DLCコーティングが施されている。

Spec
ケース素材：ステンレススチール
ケース直径・幅：41 mm　ケース厚：10.6 mm
文字盤カラー：ブラック　パワーリザーブ：50時間
定価：810,000円
自動巻き 中型 防水

Comment

110ものファセットを持つ多面体と丹念に仕上げられたケースが最高の美しさを演出しています。B

メンズ・ウォッチの草分けになった名門ジュエラー

CARTIER

Vincent Wulveryck©Cartier

こだわり派向け

ドライブ ドゥ カルティエ

WGNM0005

究極の男らしさを表現

ボルトのような巻き上げ装置、ラジエーターグリルを想起させるギョシェ彫りなど車をテーマとしている。精度の高い自社製ムーブメント1904-PS MCを搭載。

Spec

ケース素材：18Kピンクゴールド
ケース直径・幅：40 mm×41 mm　ケース厚：12.63 mm
文字盤カラー：シルバー　パワーリザーブ：48時間
定価：2,516,400円（税込）

Comment

スタイリッシュなこのモデルは、ディティールにこだわる通好みのフォルム。情熱的でエレガントなドライブが似合う男性のためのウォッチです。Ⓕ

初心者向け

クレ ドゥ カルティエ 40mm

WSCL0007

卓越した技術による斬新なフォルム

柔らかなカーブを描く美しいラインが特徴のモデルで、クレ（鍵）という名は特徴的なリューズによるもの。新たな自社製ムーブメントであるキャリバー1847 MCを搭載している。

Spec

ケース素材：ステンレススチール
ケース直径・幅：40 mm　ケース厚：11.76 mm
文字盤カラー：シルバー　パワーリザーブ：42時間
定価：599,400円（税込）

自動巻き　中　型

Eric Maillet
© Cartier

Comment

カルティエの最新デザイン。人間工学を考慮したアーチ型のフォルムは手首に馴染み、快適な装着感を与えてくれます。また、名前の由来でもある鍵をイメージしたリューズはデザインの大きな特徴となっています。Ⓐ

華やかな世界観を投影して高級時計界を牽引

1847年、パリに創業し「王の宝石商、宝石商の王」と称されたカルティエの時計進出は、19世紀末に3代目ルイ・カルティエが経営参画したことから始まる。

1900年代に入って、ルイはエドモント・ジャガー（後にジャガー・ルクルトを創設）と邂逅。1904年に飛行家のアルベルト・サントス＝デュモンの依頼を受けて世界初となる本格男性用腕時計「サントス」を世に送り出した。1906年には初めての市販モデルとして「トノーウォッチ」を発表。1912年に「トーチュ」、1919年に戦車の平面図からインスピレーションを得た「タンク」も完成させた。

現在のカルティエは自社製ムーブメントも手掛け、大胆なフォルムと優れた時計技術が融合するラグジュアリーウォッチを生み出している。複雑時計の開発も行いつつ、リシュモン グループの盟主として高級時計界に君臨する。

Photo 2000
© Cartier 2011

スポーツ

カリブル ドゥ カルティエ ダイバー カーボン

W2CA0004

厳格な技術面とカルティエの審美性

300メートル防水、ラバーストラップ、ADLCコーティングを施した逆回転防止ベゼルなど、力強さと正確さを誇るダイバーズウォッチ。ムーブメントには1904-PS MCを搭載。

Comment

自社ムーブメント1904-PS MCを搭載したモデル。真っ黒で精悍な外観と本格派ダイバーズウォッチのスペックを持ちながらもカルティエらしいエレガントさも持ち合わせています。Ⓐ

Spec

ケース素材：18Kピンクゴールド、ステンレススチール
ケース直径・幅：42 mm　ケース厚：11 mm
文字盤カラー：ブラック
パワーリザーブ：48時間　定価：1,252,800円（税込）
自動巻き　中型　防水

Photo 2000
© Cartier 2011

初心者向け

バロン ブルー ドゥ カルティエ

W69012Z4

軽やかで美しい エレガントなモデル

バロン（風船）をモチーフにしたデザインで、軽やかさと美しさを兼ね備えたモデル。青いカボションをはめ込んだフォルムが、ユニセックスでエレガントな装いを生み出している。

Spec

ケース素材：ステンレススチール
ケース直径・幅：42.1 mm
ケース厚：13 mm
文字盤カラー：シルバー
パワーリザーブ：42時間
定価：723,600円（税込）
自動巻き　中型

Comment

カルティエのラウンド型ウォッチの定番。ケース、ベゼル、リューズガード、リューズ、カレンダーの窓など気球をイメージした全て曲面で構成されたユニークなデザイン。丸みを帯びたケースバックは優しい装着感をもたらしてくれます。Ⓐ

Jeau Luc Drigout
© Cartie

こだわり派向け

サントス 100 LM

W20073X8

航空機をモチーフに タフさと美しさを表現

ルイ・カルティエが、友人で飛行家のサントス=デュモンのために製作したモデル。航空機の機体のようにビスをベゼルに使って、タフなデザインと美しさを表現している。

Comment

誕生から100周年を記念して2004年に作られたサントス100シリーズ。大振りなケースは、発売から10年以上経ってもトレンド感があります。ビス留めのベゼルも大きな特徴。Ⓐ

Spec

ケース素材：ステンレススチール
ケース直径・幅：51.1 mm × 41.3 mm
ケース厚：10.34 mm　文字盤カラー：シルバー
パワーリザーブ：42時間　定価：772,200円（税込）
自動巻き　大型　防水

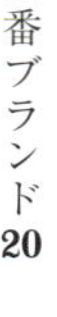

偉大な先駆者たちの審美性と技術力を受け継ぐ

GIRARD-PERREGAUX

こだわり派向け

ネオ・スリー・ブリッジ トゥールビヨン

99270-52-000-BA6A

Spec

ケース素材：ピンクゴールド
ケース直径・幅：45 mm
ケース厚：8.21 mm
パワーリザーブ：約60時間
定価：16,010,000円

代表的な複雑時計をアヴァンギャルドに

1889年に誕生したスリーブリッジのデザインが、さらにアヴァンギャルドなデザインになった。構造や仕組みはそのままに、ブリッジがスケルトナイズされ、ムーブメントが立体的に。

Comment

同ブランドを象徴する伝統的なスリー・ブリッジ トゥールビヨンの美しさは必見です。見た目の美しさに加え、チタン製の新ブリッジは立体的構造が堪能できます。Ⓒ

Spec

ケース素材：ホワイトゴールド
ケース直径・幅：48 mm
ケース厚：14,63 mm
パワーリザーブ：約6日間
定価：13,480,000円

こだわり派向け

コンスタント・エスケープメント L.M.

93500-53-131-BA6C

機械式時計の動力に革命を起こした一本

同社の長年に渡る研究で開発されたムーブメントが、モデル名にもなっているコンスタント・エスケープメント。画期的な発想から生まれたシステムで、動力エネルギーのロスも解消。

Comment

微力で駆動し高精度を得られる革新的モデル。数多くの複雑機能のモデルのなかで、異色を放つスポーティーかつ近代的なデザインは男心をくすぐられるはず。Ⓒ

幕末期にスイス時計を初めて日本に正規輸入

1791年からの長い歴史と伝統を誇る名門。ムーブメントを含め自社で一貫して時計を生産できる老舗マニュファクチュールとして現在に続く。歴史的傑作も多く、1889年のパリ万博ではスリー・ゴールド ブリッジ トゥールビヨンで金賞を受賞。1966年には毎時3万6000振動の高精度自動巻きキャリバーを開発、1971年にスイス初のクォーツ腕時計を発表したのも実はジラール・ペルゴだ。1994年には超薄型機械式キャリバー「GP3000」を完成させた。

日本とも縁が深く、創業者一族のフランソワ・ペルゴは、1861年に日本へ初めてスイス時計を正規輸入した人物として知られる。

現在の人気ラインには、流麗な角型ケースが美しい「ヴィンテージ1945」、GMTやワールドタイム機能を備えた「トラベラー」をはじめ、トゥールビヨンやミニッツリピーターなどトップクラスの超絶モデルが揃っている。

こだわり派向け

ヴィンテージ 1945 XXL ラージデイト&ムーンフェイズ

25882-52-121-BB6B

研ぎ澄まされた、無駄を省いた美しい技術

ブランドの歴史の一部を形成するレクタンギュラー型のケースに、自社製キャリバーのGP03300を搭載。継承されてきた時計製造の伝統にちなみ、クラシックな表示を再現した。

Spec

ケース素材：ピンクゴールド
ケース直径・幅：36.1 mm×35.25 mm
ケース厚：11.74 mm
パワーリザーブ：約46時間
定価：3,260,000円
自動巻き　小型

Comment

ダイヤルのバリエーション豊かなGPの代表モデルです。伝統的なレールウェイ型分目盛はクラシカルな印象を引き立てます。ビジネスシーンにもおすすめ。さりげなく個性を出せます。Ⓒ

こだわり派向け

ジラール・ペルゴ 1966 フルカレンダー

49535-52-151-BK6A

絶えず革新を続けるマニュファクチュール

同社がジャイロマティックというムーブメントを開発し、高い評価を受けた1966年にオマージュを捧げたコレクション。普遍的なデザインで世界的に人気が高い。

Spec

ケース素材：ピンクゴールド
ケース直径・幅：40 mm
ケース厚：11.22 mm
パワーリザーブ：約46時間
定価：2,510,000円
自動巻き　中型

Comment

高機能なフルカレンダー搭載でクラシカルながらも、丸みを帯びた優雅さは、フォーマルなシーンだけではなく、パーティーシーンにも最適です。Ⓒ

こだわり派向け

トラベラー ww.tc

49700-52-134-BB6B

世界中を旅する人に理想的なパートナー

代表的なモデル、「ww.tc」の伝統を継承しながら装いを新たに。ダイアルは緯度と経度が地球を覆うように立体的に表現され、世界の都市名が書かれたリングは実用的だ。

Spec

ケース素材：ピンクゴールド
ケース直径・幅：44 mm
ケース厚：13.65 mm
パワーリザーブ：約46時間
定価：3,800,000円
自動巻き　中型　防水

Comment

名前の通り、出張や旅行などで国内外行き来する方におすすめです。ワールドタイムや24時間表示などの多機能は旅のパートナーに最適です。Ⓒ

Spec

ケース素材：ピンクゴールド
ケース直径・幅：30.4 mm×35.4 mm
ケース厚：9.1 mm
パワーリザーブ：約46時間
定価：2,600,000円
自動巻き　小型

女性向け

キャッツアイ スモールセコンド

80484D52A761-BK7A

時代を超えて女性らしさを彩る

女性用には珍しいスモールセコンドを備えたモデル。62石のダイヤモンドに縁どられたピンクゴールド製の楕円形ケース、細いラグやリューズが優美なシルエット。

Comment

すでにいくつかの時計を所有していても、一切かぶることがないデザインです。珍しい横オーバルケースは女性の手元を美しく演出してくれることでしょう。Ⓒ

革新的なアイデアや異素材のフュージョン

HUBLOT

こだわり派向け

ビッグ・バン ウニコ チタニウム

411.NX.1170.RX

ウブロの誇る自社製ムーブメント

チタンケースのスポーティーで上品なモデル。ダイアル側にすべてのクロノグラフ機構が配置され、完全自社開発・製造のクロノグラフムーブメントであるウニコを搭載している。

Spec

ケース素材：チタニウム
ケース直径・幅：45 mm
ケース厚：15.45 mm
文字盤カラー：スケルトン
パワーリザーブ：約72時間
定価：2,000,000円

自動巻き　中型　防水

Comment

ウブロの自社製自動巻き機械式クロノグラフです。第２世代のビック・バンとしてウブロティスタの必携になっています。Ⓒ

こだわり派向け

ビッグ・バン ウニコ キングゴールド セラミック

411.OM.1180.RX

独特なゴールドに渋い高級感が漂う

独自素材の18Kキングゴールドのケースにブラックセラミック製ベゼルを合わせた１本。自社製クロノグラフムーブメント「ウニコ」を搭載し、トップにはウブロのロゴがあしらわれた丸いプッシュボタンを採用。

Spec

ケース素材：18Kキングゴールド　ケース直径・幅：45 mm
ケース厚：15.45 mm　文字盤カラー：スケルトン
パワーリザーブ：約72時間　定価：3,890,000円

自動巻き　中型　防水

Comment

ウニコのゴールドモデルです。「王の金」の名のごとく勝者のメンタリティを持ちたい方、他人とは違うウブロを求める方におすすめ。Ⓒ

サッカーやフェラーリ等、異業種コラボにも積極的

フランス語で「舷窓（げんそう）」を意味するブランド名どおり、丸型のビス留めベゼルが印象的なウブロ。その意匠によって、１９８０年の創業直後から時計界に独自の地位を築いた。王族に愛用者が多いことから〝王の時計〟とも呼ばれる。

２００４年に新ＣＥＯに就任したジャン-クロード・ビバー（現会長）が手がけた「ビッグ・バン」が大ブレイク。スイスの伝統的な時計作りと革新的な発想が融合した、異素材の複雑な組み合わせから成る「フュージョン」をコンセプトに、セラミックやカーボンファイバー、グラスファイバーといった異素材を積極的に採用。また、複数の部品を組み合わせた多重構造式ケースを使用することで、高級感を生み出しているのも特徴だ。２００９年にはニヨンにマニュファクチュールを完成。また、サッカーＦＩＦＡワールドカップの公式時計やフェラーリとのパートナーシップ締結など、異業種とのコラボも盛んに展開している。

Spec

ケース素材：チタニウム（ポリッシュ&サテン仕上げ）
ケース直径・幅：42 mm
ケース厚：10.4 mm
文字盤カラー：ブラック
パワーリザーブ：約42時間
定価：770,000円

自動巻き　中 型

初心者向け

クラシック・フュージョン チタニウム ブラックシャイニー

542.NX.1270.LR

究極の洗練を極めた日本限定のモデル

チタニウム製のケース、艶やかな光沢の文字盤に漂うラグジュアリー感。装飾を極力排したデザインながら、ブランドの持つ強烈な個性は失わないスポーツモデルに仕上がっている。

Comment

日本限定のクラシック・フュージョンです。漆黒の闇に光る一条の光のような文字盤が大変印象的なモデル。Ⓒ

こだわり派向け

クラシック・フュージョン キングゴールド ブルー

511.OX.7180.LR

鮮やかなブルーがエレガンスを演出

ポリッシュ＆サテン仕上げのコントラストが美しいケースに、シンプルさを追求した文字盤。ストラップ裏にはラバーを縫合し、ホールディングバックルを採用して高い装着感を実現した。

Spec

ケース素材：18Kキングゴールド
ケース直径・幅：45 mm
ケース厚：10.95 mm
文字盤カラー：ブルーガルバニック
パワーリザーブ：約42時間
定価：2,490,000円

自動巻き　中 型

Comment

2015年発表の文字盤、ストラップがブルーのクラシック・フュージョン。キングゴールドと相まってスタイリッシュの極みになっています。Ⓒ

スポーツ

アエロ・バン ブラックマジック

311.CI.1170.RX

機械式時計の醍醐味を堪能する

人気モデル、ビッグ・バンのケースをベースに、ストラップから文字盤、ベゼルまで、ブラックでまとめられた、近年人気を集める黒い仕様のモデル。ケースはセラミック製だ。

Spec

ケース素材：ブラックセラミック
ケース直径・幅：44 mm
ケース厚：14.6 mm
文字盤カラー：スケルトン
パワーリザーブ：約42時間
定価：2,160,000円

自動巻き　中 型　防 水

Comment

アエロ・バンはスケルトンのモデルです。移りゆく時を閉じ込めた文字盤が、時間の旅を誘うでしょう。Ⓒ

スポーツ

ビッグ・バン ゴールド セラミック

301.PB.131.RX

素材の融合から生み出される独創性

ゴールド・ラバー・セラミック・チタニウムなど、数々の素材を組み合わせてブランドコンセプトの融合を表現。ケースサイドには耐摩耗性や耐衝撃性に優れたグラスファイバーを採用。

Spec

ケース素材：レッドゴールド
ケース直径・幅：44 mm
ケース厚：14.6 mm
文字盤カラー：ブラック
パワーリザーブ：約42時間
定価：3,220,000円

自動巻き　中 型　防 水

Comment

2005年の発表以来、ウブロを代表するモデルです。印象的な多重構造のケースは時計のデザインに革命を起こしました。Ⓒ

妥協を許さない職人技術と洗練のデザイン

IWC

Switzerland

アイ・ダブリュー・シー

初心者向け

ポルトギーゼ・クロノグラフ

IW371445

完成形へと近づいた伝説的な人気モデル

同社の最も人気のあるモデルのひとつだが、かつての無骨なデザインから大幅に洗練されたものに。適度な厚みのケースに、立体的なリーフ針や上質な文字盤が調和している。

Comment

10年以上作り続けていながら人気が衰えることがないIWCの超定番モデル。やや大振りのケースに縦二つ目クロノグラフはスタイリッシュで、スーツにもカジュアルにも似合います。Ⓐ

Spec

ケース素材：ステンレススチール
ケース直径・幅：40.9 mm
ケース厚：12.3 mm
文字盤カラー：シルバー
本体重量：87 g
パワーリザーブ：44時間
定価：740,000円

自動巻き　中型

スポーツ

アクアタイマー・オートマティック2000

IW358002

極限の水圧に耐えるチタニウムボディ

2000メートルもの防水性を備える初の腕時計。バックアップシステムも搭載し、極めて厳しい水中任務にも対応可能に。操作性や視認性にも優れ、シンプルなデザインも秀逸だ。

Comment

2000メートル防水を誇るチタンケースのデザインは名作、オーシャン2000を思い出させます。オーバースペックともいえる防水性能がIWCらしいモデルです。Ⓐ

Spec

ケース素材：チタニウム　**ケース直径・幅**：46 mm
ケース厚：20.5 mm　**文字盤カラー**：ブラック
本体重量：160 g　**パワーリザーブ**：44時間
定価：970,000円

自動巻き　大型　防水

華麗な複雑モデルと実用時計の両輪で飛躍

米国の時計職人だったアリオスト・ジョーンズが1868年にスイスで創業。同年、独自の緩急針やバイメタル補正テンプを備えた傑作ムーブメント「F・A・ジョーンズ・キャリバー」を開発し、1885年には世界初のデジタル式懐中時計を完成させた。美しい装飾を施した極上モデルは、多くの王侯貴族に愛された。

20世紀に入ると、実用時計の追求に力を入れた。航空時計の傑作「マークⅨ」（1936年）、ラグジュアリーな大型高精度モデル「ポルトギーゼ」（1939年）、ダイバーズウォッチ「アクアタイマー」（1967年）、500年先まで正確にカレンダーを表示する超複雑時計「ダ・ヴィンチ」（1985年）など、時計史に残る数々の名機を開発してきた。最近では、2005年に復活したインヂュニアを皮切りに、毎年シリーズごとにリニューアルして、常に最強のコレクションを展開している。

スポーツ

パイロット・ウォッチ・タイムゾーナー・クロノグラフ

IW395001

シンプルなルックスに画期的な機能を搭載

世界初の技術を導入したパイロット・ウォッチ。ベゼルの一度の回転操作だけで、異なる時間帯の日付と24時間表示を調整できる。IWCの高い技術力が生みだした画期的なモデルだ。

Spec

ケース素材：ステンレススチール
ケース直径・幅：45 mm
ケース厚：16.5 mm
文字盤カラー：ブラック
本体重量：160 g
パワーリザーブ：68時間
定価：1,295,000円

自動巻き　中型　防水

Comment

今年モデルチェンジしたパイロットシリーズ。中でも最も目をひいたのがこのモデル。都市名を12時位置に合わせるだけで、時針、24時間針、日付表示が連動してその都市のタイムゾーンを表示してくれます。Ⓐ

こだわり派向け

ポートフィノ・ハンドワインド・エイトデイズ

IW510106

エレガントなのに抜群のパワーリザーブ

大型で高精度のキャリバー59210は、シリーズの伝統を色濃く引き継いでいる。ブルーの文字盤がエレガントだ。

Spec

ケース素材：ステンレススチール
ケース直径・幅：45 mm
ケース厚：12 mm
文字盤カラー：ブルー
本体重量：83 g
パワーリザーブ：8日間
定価：1,100,000円

手巻き　中型

Comment

IWCとしては初の、8日間のロングパワーリザーブ機能を持った、手巻きムーブメントを搭載。巻き上げが1週間に1回のみでよく、実用性に優れたモデルです。Ⓐ

こだわり派向け

ポルトギーゼ・パーペチュアル・カレンダー

IW503302

望みうるほぼ全ての機能が揃っている

ムーンフェイズ表示全体に描かれた夜空が印象的なモデル。人間工学に基づいて設計されたラグ、4桁の西暦を表示する永久カレンダー、7日間自動巻きムーブメントなど機能が充実。

Comment

パワーリザーブが7日間の自社製自動巻ムーブメントを搭載。パワーリザーブが長いため、パーペチュアルカレンダーが止まってしまうリスクが少なく、実用的といえます。Ⓐ

Spec

ケース素材：18KRG　**ケース直径・幅**：44.2 mm
ケース厚：15.3 mm　**文字盤カラー**：シルバー
本体重量：154.5 g　**パワーリザーブ**：7日間
定価：3,870,000円

自動巻き　中型

数々の傑作キャリバーと特許技術を開発

JAEGER-LECOULTRE

こだわり派向け

ジオフィジック・ユニバーサルタイム

Q8102520

美しさと技術使いやすさが融合

世界の歴史とマニュファクチュールの遺産を象徴する腕時計として名付けられた世界時計。クラシックな装いの中に優れた機能を組み込み、次世代の自動巻きキャリバー772を搭載。

Spec

ケース素材：ピンクゴールド、ステンレススチール
ケース直径・幅：41.6 mm
ケース厚：11.84 mm
パワーリザーブ：40時間
定価：1,675,000円（ステンレススチール）
2,850,000円（ピンクゴールド）

自動巻き　中　型

Comment

クラシックなデザインの中にジャガー・ルクルトの革新的な機構を併せ持つ独自のスタイルは、洗練された印象を受けます。B

こだわり派向け

デュオメトル・カンティエーム・ルネール

Q6042422

クラシカルで端正なスタイル

同社の革新的機能を持つモデル。特徴的なのは2つのパワーリザーブが独立した「デュアル・ウィング」で、ムーンフェイズのダイヤルデザインを改良して視認性もアップした。

Spec

ケース素材：18Kピンクゴールド　**ケース直径・幅**：42 mm
ケース厚：13.5 mm　**パワーリザーブ**：40時間
定価：4,650,000円

手巻き　中　型　防　水

Comment

2時位置に時分針、10時位置にポインターデイトとムーンフェイズを搭載し、6時位置にはデュオメトルの代名詞フドロワイヤント機を配置しています。B

工具から作り出す生粋の職人気質が今も息づく

時計大国スイスでも、100年以上も時計製造を自社で一貫生産しているブランドは数少ない。ジャガー・ルクルトは、長期にわたってマニュファクチュール体制を続けている名門だ。1844年に1／1000ミリ単位の測定を可能にした「ミリオノメーター」で加工精度を飛躍的に高め、1847年には巻き上げが可能なリューズ機構を開発した。

1931年、ケースを反転させて風防を守る仕組みを考案して、「レベルソ」を発表。このモデルは現在も角型時計の名機として世界中にファンを持つ。

現行モデルのもうひとつの柱が、丸型ケースのマスター・シリーズだ。角と丸、レベルソとマスターを軸に偉大な過去の遺産を受け継ぎながら、超複雑時計にまで及ぶ実に多彩なコレクションを展開。180年を超える歴史のなかで、1200種類以上のキャリバー製作と、約400件の特許を取得してきた同社だが、今後その数字がさらに増え続けるのは間違いない。

初心者向け

マスター・ウルトラスリム・デイト

Q1288420

洗練された時計製造の極み

クラシカルで洗練されたデザインの中に、時・分・センターセコンド・日付といった伝統的な機能が配される。7.45ミリという薄さに、同社の優れた技術と精巧な機構を搭載。

Spec

ケース素材：ステンレススチール
ケース直径・幅：40 mm
ケース厚：7.45 mm
文字盤カラー：シルバー
パワーリザーブ：38時間
定価：885,000円

自動巻き　中型　防水

Comment

以前までは存在しなかったウルトラスリムでは初となるデイト表示モデルです。Ⓑ

初心者向け

マスター・コントロール・デイト

Q1548470

ブランドを代表するラウンドウォッチ

エレガントなケースに自社製キャリバー899を搭載。自動巻き機構に使われるセラミック製のボールベアリングや慣性モーメントが変化するテンプにより、ムーブメントの信頼性が向上。

Spec

ケース素材：ステンレススチール
ケース直径・幅：38 mm
ケース厚：8.8 mm
文字盤カラー：ブラック
パワーリザーブ：38時間
定価：730,000円

自動巻き　小型　防水

Comment

1992年にスタートした1000時間コントロールテストを、現在も厳正な基準で行っています。Ⓑ

こだわり派向け

レベルソ・クラシック・ラージ・デュオ

Q3838420

どちらの顔にも魅力が溢れる

反転式のケースが特徴のアイコン的なモデル。ひとつの機械式ムーブメントが2つのダイヤルを動かし、38時間のパワーリザーブを備える。自社製自動巻きムーブメントは969を搭載。

Spec

ケース素材：ステンレススチール
ケース直径・幅：47 mm×28.3 mm
ケース厚：10.3 mm
文字盤カラー：表・シルバー/裏・ブラック
パワーリザーブ：38時間
定価：1,350,000円

自動巻き　中型

Comment

裏表それぞれに異なる時刻を示すことができる、デュオ・モデルの新作。裏ダイヤルは12時の数字の代わりに、ジャガー・ルクルトのロゴを施しています。Ⓕ

女性向け

レベルソ・トリビュート・カレンダー

Q3912420

温故知新とはまさにこのこと

1931年に誕生したブランドを代表するタイムピース「レベルソ」の生誕85周年コレクションのひとつ。新しい手巻きのキャリバー853を搭載しており、長時間のパワーリザーブを実現している。

Spec

ケース素材：
18K ピンクゴールド
ケース直径・幅：49.4 mm×29.9 mm
ケース厚：10.9 mm
文字盤カラー：
表:オパーリン/裏:スレートグレー
パワーリザーブ：42 時間
定価：2,875,000円

手巻き　中型

Comment

伝統的なコンプリートカレンダーに加え、レベルソ特有の機能「デュオ」を採用。ゴールドインデックスにムーンフェイズ表示と女性の腕にも映えます。Ⓕ

前人未踏の地へ挑み続けてきた偉大な歴史

OMEGA

Switzerland

オメガ

初心者向け

シーマスター アクアテラ

231.10.39.21.03.002

新しい非磁性素材による驚異的な耐磁性能

4社で共同開発した非磁性素材「ニヴァガウス」をムーブメントのパーツに使用して驚異的な耐磁性能を実現。「オメガ マスター コーアクシャル キャリバー」を搭載した先駆けのモデル。

Comment

クロノメーター認定を受けたマスター コーアクシャル、キャリバー8500を搭載し、15,000ガウス以上の磁気に耐えうる超高耐磁性能、かつシースルーの裏蓋……このクオリティでこの価格は、唯一無二であり文句なしの1本です。長年楽しみながら愛用できるのも魅力的。Ⓒ

Spec ▲

ケース素材：ステンレススチール
ケース直径・幅：38.5 mm
ケース厚：12.84 mm
文字盤カラー：ブルー
パワーリザーブ：60時間
定価：580,000円

自動巻き　小　型　防　水

スポーツ

スピードマスター プロフェッショナル

311.30.42.30.01.005

月面で時を刻む NASAの公式時計

数々の厳しいテストをクリアして、1969年に初めて月面着陸した伝説のモデル。クロノグラフの定番として圧倒的な知名度を誇り、絶対的な信頼と精度は変わることがない。

Spec ➤

ケース素材：ステンレススチール
ケース直径・幅：42 mm　**ケース厚**：14 mm
パワーリザーブ：48時間
定価：530,000円

手巻き　中　型

Comment

NASAによる6回の月面着陸に唯一携行を許されていたオメガをもっとも代表するモデル。月面着陸時に着用されていた後継「手巻きキャリバー」を搭載しています。Ⓒ

月面着陸や深海探査で輝かしい栄光を残す

19世紀半ばに誕生した小さな時計組み立て工房が、オメガ伝説の始まりだ。1894年に発表した高精度キャリバー19はギリシャ語で〝究極〟を意味する「Ω（オメガ）」と命名され、社名の起源に。

古くから冒険を支援し、深海探査「ヤヌス計画」で「シーマスター」（1948年発表）、NASAの宇宙計画で唯一の公式採用クロノグラフとして「スピードマスター」（1957年発表）が活躍。とくに1969年の人類初の月面着陸に携行されたスピードマスターは〝ムーンウォッチ〟の愛称で多くのファンに親しまれている。

1999年にはコーアクシャル脱進機の実用化に成功。リキッドメタル、セドナ ゴールドなど素材開発にも積極的だ。近年では耐磁性にも力を入れ、15000ガウス以上の強耐磁性を備えたマスター コーアクシャルや、新たな品質規格マスター クロノメーターを2015年に発表。進化の道を突き進んでいる。

こだわり派向け

デ・ヴィル トレゾア

432.53.40.21.02.002

色褪せることのないクラシックな装い

スリムでエレガントなポリッシュ仕上げのケースが特徴のモデル。ドーム型のダイアルは、パリの石畳をイメージした、ヴィンテージスタイルの「クル・ド・パリ」模様で飾られている。

Comment

30ミリキャリバーを守っていたことから、トレゾア＝宝物と名付けられたコレクション。もちろん最先端のオメガ マスター コーアクシャルを搭載。歴史と革新を併せ持つ名品。Ⓖ

Spec

ケース素材：18Kセドナゴールド
ケース直径・幅：40 mm
ケース厚：10.6 mm
文字盤カラー：シルバーオパリン
パワーリザーブ：60時間
定価：1,380,000円

手巻き　中型

初心者向け　スポーツ

シーマスター 300

233.30.41.21.01.001

変わらぬデザインに新技術を搭載

初代の登場から50年、デザインは継承しつつムーブメントに超高耐磁技術を採用した新モデル。時針、分針、秒針、インデックスは、ベージュがかったヴィンテージスーパールミノバ素材でコーティング。

Spec

ケース素材：ステンレススチール
ケース直径・幅：41 mm
ケース厚：14.65 mm
文字盤カラー：ブラック
パワーリザーブ：60時間
定価：660,000円

自動巻き　中型　防水

Comment

1957年のモデルを忠実に再現しており、ブレスレットの作りや文字盤の仕上げの進化を実現しています。また高い耐磁性能、優れた視認性と高精度を両立させています。Ⓒ

こだわり派向け

スピードマスター ダークサイド・オブ・ザ・ムーン セドナブラック

311.63.44.51.06.001

月の裏側をイメージしたセラミックケース

スピードマスターで初となるセラミックケースモデル。ブラックのセラミックは焼結時に約30%収縮するためディテールの仕上げが困難だが、細部まで精密に仕上げられており、同社の技術力の高さを証明している。

Comment

ブラックベースの文字盤に、針、インデックス、ベゼルリングに採用された18Kセドナゴールドが美しく映えます。Ⓖ

Spec

ケース素材：ブラックセラミック
ケース直径・幅：44.25 mm
ケース厚：16.14 mm
文字盤カラー：ブラック
パワーリザーブ：60時間
定価：1,500,000円

自動巻き　中型

こだわり派向け

コンステレーション グローブマスター

130.53.39.21.02.001

天文台上空の星は最重要精度記録の証

初期のコンステレーションモデルにインスパイアされたデザインが特徴。スイス連邦計量・認定局の認証を受けており、卓越したパフォーマンスを実現。

Spec

ケース素材：18Kセドナゴールド
ケース直径・幅：39 mm
ケース厚：12.53 mm
パワーリザーブ：60時間
定価：2,090,000円

自動巻き　小型　防水

Comment

初期のコンステレーションを復刻。レトロ感と高級感をあわせ持っています。またオメガとMETAS規格による世界初の精度規格「マスター クロノメーター」認定モデルでもあります。Ⓒ

イタリアのデザインとスイス時計製造技術を融合

PANERAI

こだわり派向け

ラジオミール1940 スリーデイズ オートマティック オロロッソ

PAM00573

Spec
ケース素材：18Kレッドゴールド
ケース直径・幅：45 mm
パワーリザーブ：3日間
定価：2,570,400円（税込）

自動巻き　中型

厳格でシンプルなモダニティの名作

イタリア海軍の特殊潜水部隊のために製造されたモデルを踏襲。新開発のキャリバーP4000は初めてマイクロローターを採用した。非常に薄いが、72時間のパワーリザーブを実現。

Comment

最新型のムーブメントを搭載した意欲作、美しいケースデザインを損なわぬようマイクロローター式を採用することで、ケースフォルムを薄くしたスマートなモデル2サイズ展開。Ⓒ

スポーツ

ルミノール1950 レガッタ スリーデイズ クロノ フライバック チタニオ

PAM00526

チタン素材が醸す独特な存在感

ヨットレース用に開発されたモデルで、カウントダウン機能を備えているのが特徴。自社製キャリバーP.9100/Rを搭載し、チタン素材のケースとラバーストラップでスポーティーに。

Spec
ケース素材：サテンチタン
ケース直径・幅：47 mm
パワーリザーブ：3日間
定価：1,954,800円（税込）

自動巻き　大型　防水

Comment

ヨットレースのスタート時に必要なレガッタ・カウントダウン機能がついていて、実際のレースでも使用できる本格仕様です。日本ではあまり馴染みが無いものの、パネライ クラシック ヨットチャレンジをサポートするパネライらしいモデル。Ⓒ

自社キャリバーの開発、新素材の採用にも積極的

1860年にパネライ時計店として創業。当初は輸入時計の販売と修理、照準機などを製作していた。イタリア海軍の要請で防水時計の開発に着手し、1936年の試作品を経て、1938年に最初の「ラジオミール」が完成。自社開発の蛍光物質ラジオミールを使ったこのダイバーズウォッチにより、イタリア海軍特殊潜水部隊は、より高度な作戦が可能となる。

パネライは軍事機密に属しており、門外不出とされたため、初めて一般販売を開始したのは1993年。そして1997年、ヴァンドーム（現在のリシュモン）グループに参加してグローバル市場へ鮮烈なデビューを果たすと、瞬く間に世界のセレブを魅了した。

一方、2002年に新工場をヌーシャテルに建造し、2005年のP.2002を皮切りに自社キャリバーの開発を積極展開。エイジングを楽しめるブロンズケースや、軽量&タフなコンポジットなど、新素材も積極的に導入している。

スポーツ

ルミノール サブマーシブル 1950 カーボテック™スリーデイズ オートマティック

PAM00616

新しい合成素材が美と強度を生み出す

カーボテック™というカーボンファイバーをベースとした複合素材をケースに使用。軽いのに耐衝撃性に優れた素材で、ひとつとして同じ模様がないマットブラックの外観が個性的。

Comment

「カーボテック™」という新素材を使ったモデルです。素材を切断する箇所により、筋目模様が異なるため、それぞれに世界に1本だけの表情があり、自分だけのオンリーワンが手に入ります。Ⓒ

Spec
ケース素材：カーボテック
ケース直径・幅：47mm
パワーリザーブ：72時間
定価：1,933,200円（税込）
自動巻き　大型　防水

初心者向け

ラジオミール1940 スリーデイズ アッチャイオ

PAM00574

インパクトの強いストラップを装着

ライトグリーンのアリゲーターストラップが強烈な個性を放つモデル。ブラックの文字盤は大きなバータイプのアワーインデックスと数字が配され、視認性に優れたサンドイッチ構造。

Spec
ケース素材：ポリッシュスチール
ケース直径・幅：42mm
パワーリザーブ：72時間
定価：864,000円（税込）
手巻き　中型　防水

Comment

"ラジオミール"の語源は発光物質「ラジウム」から、1940年代に採用していたケースデザインを採用しルミノールより薄型でクラシックな印象、大人に着用してもらいたい1本です。Ⓒ

初心者向け

ルミノール マリーナ エイトデイズ アッチャイオ

PAM00590

鋼鉄のボディーに良質なムーブメント

アッチャイオはイタリア語で「鋼鉄」の意味で、ステンレス製のケースを指す。127個の部品で構成された自社製キャリバーP5000は、香箱が2つ繋がっていて高い精度とパワーを確保。

Spec
ケース素材：ポリッシュスチール　ケース直径・幅：44mm
パワーリザーブ：8日間　定価：745,200円（税込）
手巻き　中型　防水

Comment

ケースバックにイタリア海軍の低速潜水艇のエングレービングが施されており、ヴィンテージ感も魅力です。Ⓒ

こだわり派向け

ルミノール1950 スリーデイズ

PAM00372

歴史的な意匠を現代の技術で再現

同社の歴史的モデルをリバイバル。搭載したP3000キャリバーはヒストリックモデルに使用されていたムーブメントで、ヴィンテージ加工のストラップと47ミリケースは迫力がある。

Spec
ケース素材：ポリッシュスチール
ケース直径・幅：47mm
パワーリザーブ：3日間
定価：1,015,200円（税込）
手巻き　大型　防水

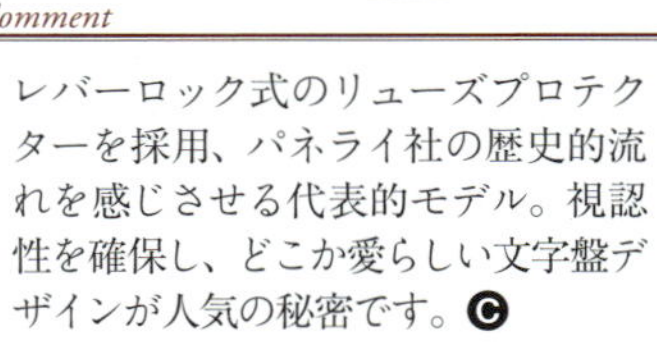

Comment

レバーロック式のリューズプロテクターを採用、パネライ社の歴史的流れを感じさせる代表的モデル。視認性を確保し、どこか愛らしい文字盤デザインが人気の秘密です。Ⓒ

時計を芸術の域にまで高めた頂上ブランド

PATEK PHILIPPE

こだわり派向け

クロノグラフ

5170

懐古主義的な外観と革新的テクノロジー

クラシカルなツーカウンタークロノグラフに自社製キャリバーのCH 29-535 PSを搭載。コラムホイールによるクロノグラフの制御機構などの革新的な技術は、六つの特許を取得した。

Spec
ケース素材：ローズゴールド
ケース直径・幅：39.4 mm
ケース厚：10.9 mm
パワーリザーブ：最小65時間
定価：8,840,000円
手巻き　小型

Comment

完全自社開発・製造の革新的設計思想に基づく手巻きクロノグラフムーブメントを搭載。二つ目クロノグラフで文字盤のデザインはシンプルでクラシカル、視認性が高い複雑モデルです。Ⓐ

こだわり派向け

カラトラバ

5119

初代のシンプルで高貴な雰囲気を継承

1985年に発表された初代のディテールはそのままに、薄型の手巻きキャリバー215 PSを搭載。ケースサイズを2.5ミリアップさせて、シースルーバックからムーブメントを確認できる。

Spec
ケース素材：ローズゴールド　ケース直径・幅：36 mm
ケース厚：7.43 mm　パワーリザーブ：最小44時間
定価：2,350,000円
手巻き　小型

Comment

ストレートのラグにパリの石畳をイメージしたクル・ド・パリベゼル。ラック・ホワイト文字盤に漆黒のローマンインデックスで視認性が高く、エレガントさを極めたドレスウォッチです。Ⓐ

スイスでも別格的な存在として認知される超名門

〝個人で購入できる最高の時計〟と称され、時計愛好家が最後に行き着く最高峰として知られるパテック フィリップ。創業当初から複雑機構の第一人者として揺るぎない評価と実績を残した。

1845年にミニッツリピーターを製作、1851年には第1回ロンドン万博で金メダルを獲得。1920年代に入って生産の中心が腕時計になってからは、1949年に特許を取得したジャイロマックス・テンプをはじめ、数々の新技術に積極的に取り組んだ。

今なお同社がスイス時計界の頂点に君臨するのは、惜しみなく時間をかけ、丹念な手作業によって完成する驚くべき精度、芸術的なまでに高い品質ゆえ。百年以上前のモデルでも必ず修理すると公言するのは、自信の表れでもある。

〝世界最高の価値ある時計を創る〟。創業者が掲げた目標は、迷うことなく継承され、175年以上を経た今なお、独立企業としての伝統が脈々と息づいている。

スポーツ

アクアノート・トラベルタイム

5164A

ステンレスとラバーの都会的なデザイン

アクアノートコレクションに登場したトラベルタイムに、高い技術力で知られる自動巻きムーブメント（キャリバー324 S C FUS）を搭載。2本の時針で出発地と現地の時刻を表示する。

Spec

ケース素材：ステンレススチール
ケース直径・幅：40.8 mm（10–4時方向）**ケース厚**：10.2 mm
パワーリザーブ：最小35時間、最大45時間
定価：3,710,000円

自動巻き　中型　防水

Comment

パテック フィリップ伝統のトラベルタイム機構を自動巻きで初めて搭載したモデル。2本重なった短針の上の針を、ケース左側のボタンで操作すれば第2時間帯の設定ができます。昼夜の表示も非常に見やすいです。Ⓐ

スポーツ

ノーチラス・トラベルタイム・クロノグラフ

5990/1A

スポーツエレガンスの代表的なモデル

船の窓からインスピレーションを得てデザインされたスポーツウォッチ。トラベルタイムとクロノグラフ機能、そしてパワーリザーブ55時間のキャリバーCH 28-520 C FUSを搭載。

Spec

ケース素材：ステンレススチール
ケース直径・幅：40.5 mm（10–4時方向）
ケース厚：12.53 mm
パワーリザーブ：最小45時間、最大55時間
定価：5,820,000円

自動巻き　中型　防水

Comment

ノーチラスのデザインと防水性能を持ち備えたままで、フライバッククロノグラフと、操作が簡単なトラベルタイムの機能を搭載したダブルコンプリケーションモデル。海外旅行、日常使用とオールラウンドで楽しめます。Ⓐ

スポーツ

ノーチラス

5712

よりスポーティーでよりエレガントに

高級スポーツウォッチの代表格「ノーチラス」の30周年記念モデル。文字盤はムーンフェイズの他、パワーリザーブや日付表示などの改良で視認性を向上し、キャリバーは240 PS IRM C LUを搭載。

Comment

スポーツ・ウォッチでありながら、ケースの厚みは薄く、タキシードの腕元でも何の違和感もなくスリムに収まります。長年愛用され続けるパテック フィリップの定番の一つです。Ⓐ

Spec

ケース素材：ローズゴールド
ケース直径・幅：40mm（10–4時方向）
ケース厚：8.52 mm
パワーリザーブ：最小38時間、最大48時間
定価：4,750,000円

自動巻き　中型

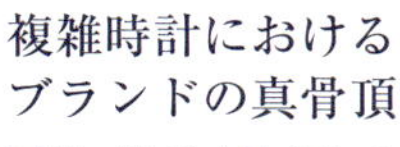

こだわり派向け

年次カレンダー

5396

複雑時計におけるブランドの真骨頂

同社が特許を取得した年次カレンダー機構を搭載。月末が30日か31日かを自動で判断し、調整するのは3月1日のみ。モデルチェンジによってシンプルなダイヤルになっている。

Spec

ケース素材：ホワイトゴールド
ケース直径・幅：38.5 mm　**ケース厚**：11.2 mm
パワーリザーブ：最小35時間、最大45時間
定価：5,230,000円

自動巻き　小型

Comment

伝統的なカラトラバ型のケースに年次カレンダー機構を搭載。シンメトリーのダイヤルデザインと操作しやすい機能などバランス良く両立させたパテック フィリップらしい雰囲気の漂うモデルです。Ⓐ

薄型キャリバーで時計界のトップに君臨
PIAGET

こだわり派向け

ピアジェ アルティプラノ

G0A39111

キャリバーとケースが一体化

同社の技術開発陣が完成させたキャリバー900Pは、裏蓋から時刻表示までが一体化した独創的構造。ケースの厚みは3.65ミリでもパワーリザーブは約48時間で、実用性にもこだわる。

Comment

ムーブメントとケースを一体化させた驚きのモデル。薄型ウォッチにありがちな物足りなさを一切感じさせない、特別な1本です。D

Spec

ケース素材：18Kホワイトゴールド
ケース直径・幅：38 mm　ケース厚：3.65 mm
パワーリザーブ：約48時間　定価：3,321,000円（税込）
手巻き　小　型

こだわり派向け

ピアジェ アルティプラノ

G0A38131

小型軽量化を極めた極薄ムーブメント

薄型時計で世界の一歩先を行くピアジェの真骨頂。9時位置に日付表示を配した自動巻きムーブメント1205Pは厚さ3ミリと極薄。

Comment

オフセンターのスモールセコンドでシンプルになりすぎず、大人の男性を演出します。18Kピンクゴールドが華やかで上品な印象です。D

Spec

ケース素材：18Kピンクゴールド
ケース直径・幅：40 mm
ケース厚：6.36 mm
パワーリザーブ：約44時間
定価：2,835,000円（税込）
自動巻き　中　型

時計本来の美しさをスリムなフォルムで表現

気品あふれる高級ドレスウォッチで知られるピアジェの始まりは、ジュラ山脈の小さな集落ラ・コート・オ・フェの農家の一室だった。ムーブメントの設計や修理が中心の工房だったが、技術力が評判を呼び、やがて一流ブランドの注文を受けるようになる。

オリジナルの時計を発表したのは1943年。2年後には新ファクトリーを建設し、時計ブランドとしての歴史を刻み始めた。

この工場は、やがて薄型ムーブの開発で世界に知られる存在となる。1957年に2ミリ厚の手巻きキャリバー9P、1960年に厚さ2・3ミリの世界最薄自動巻きキャリバー12Pを開発。これまで26種類の薄型キャリバーを作り、15回の最薄記録を打ち立てた。

現行のメンズコレクションは、時計としての美しさを極薄のフォルムで表現し続ける「ピアジェアルティプラノ」が中心。近年では複雑時計も披露するなど、注目度はますます高まっている。

女性向け

ピアジェ アルティプラノ

G0A40108

知的さと優雅さを併せ持つ秀逸な意匠

右下のアルティプラノと同型のケースの縁に約0.61カラットのダイヤモンドを装飾。より女性らしい印象に。

Spec
ケース素材：
18Kピンクゴールド
ケース直径・幅：34 mm
ケース厚：7.8 mm
パワーリザーブ：約42時間
定価：4,509,000円（税込）
自動巻き　小　型

Comment

ラグジュアリーでありながら自動巻きという本格的な婦人用メカニカルウォッチ。自動巻きですが納得の薄さで軽い着け心地です。D

女性向け

ライムライト・ガラ

G0A38160

約1.76カラットのダイヤモンドが煌めく

独創的なデザイン、美しい曲線、そしてゴージャスなダイヤモンドが完璧に調和し、グラマラスでありながらシックなスタイルを創出しています。ケースから伸びるふたつのラグの流れが優美で、洗練されたブラックのサテンストラップにマッチするブラックのローマ数字が印象的です。

Spec
ケース素材：
18Kホワイトゴールド
ケース直径・幅：32 mm
ケース厚：7.4 mm
定価：4,212,000円（税込）
クォーツ　小　型

Comment

ベゼルからそのままラグにつながる独特のケースデザインは、優美なラインが目をひきます。その名が示す通り、華やかさに満ちた時計です。D

こだわり派向け

ピアジェ アルティプラノ

G0A40113

超薄型ムーブメントのブレスレットウォッチ

薄さを極めたピアジェ アルティプラノコレクションのブレスレットウォッチ。厚さ3.5ミリの534P自動巻きムーブメントを搭載している。人間工学に基づいたブレスレットの着け心地も人気の理由。

Spec
ケース素材：
18Kピンクゴールド
ケース直径・幅：38 mm
ケース厚：7.9 mm
パワーリザーブ：約42時間
定価：3,861,000円（税込）
自動巻き　小　型

Comment

スタイリッシュで特別な存在感を放つ1本。洗練されたデザインで、しっくり腕に馴染みます。ぜひペアでつけていただきたいです。D

女性向け

ポセション

G0A36188

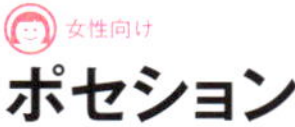

エレガントさの中に遊び心を感じさせる

ローマ数字をあしらった文字盤をダイヤモンドの回転式ベゼルが囲む、きらびやかなラウンド型ケースが特徴。多彩なストラップが用意されており、着けるシーンを選ばない。

Spec
ケース素材：
18Kピンクゴールド
ケース直径・幅：29 mm
ケース厚：6.2 mm
定価：1,706,400円（税込）
クォーツ　小　型

Comment

ダイヤモンドが回転するベゼルが女心をくすぐります。その日の気分に合わせてストラップを変えられるのも嬉しいです。D

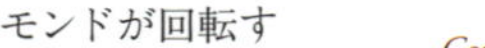

「時計のF1」をコンセプトに独創の製品作り
RICHARD MILLE

Switzerland

リシャール・ミル

こだわり派向け

RM 055 バッバ・ワトソン

RM 055

新素材のATZは ダイヤに次ぐ硬さ

マスターズで優勝したゴルファーのバッバ・ワトソンが愛用する「RM 038」の意匠を踏襲。ホワイトで統一されたシンプルな3針モデルで、ベゼルにはATZという新素材を採用。

Comment

ダイヤモンドに次ぐ硬度を持つATZ製ベゼルを装備、ミドルケースと裏蓋はホワイトラバーを高圧で吹き付けたチタン製です。このラバーが振動を吸収してムーブメントを保護し、タフな日常使いにもフル対応します。最高の着け心地を与えてくれます。Ⓐ

Spec A
ケース素材：ATZセラミックス×チタン
ケース直径・幅：49.9 mm × 42.7 mm
ケース厚：13.05 mm
パワーリザーブ：約55時間
定価：12,000,000円
自動巻き 大型

こだわり派向け

RM 11-02 フライバック クロノグラフ デュアルタイムゾーン

RM 11-02

すべてが高級仕様の ハイエンドウォッチ

フライバック式クロノグラフに年次カレンダー、さらに第二時間帯も表示する多機能モデル。次世代キャリバーRMAC2を搭載し、9時位置のプッシュボタンでGMT針を操作できる。

Comment

リシャール・ミルの中でも人気の定番モデル「RM 011」をベースに次世代キャリバー「RMAL2」を搭載したモデル。従来のアニュアルカレンダー、ビッグデイト機能にデュアルタイムゾーン表示が追加されています。Ⓐ

Spec A
ケース素材：チタン
ケース直径・幅：50 mm × 42.70 mm
ケース厚：16.15 mm
パワーリザーブ：約55時間
定価：17,900,000円
自動巻き 大型

超一流サプライヤーを駆使して構想を具現化

有名企業のアドバイザーやCEOを経たリシャール・ミルが、自ら理想とする時計を実現するため1999年に創業。「時計のF1」をコンセプトに、車体に使用される先進的な素材や構造を駆使した革新モデルを次々と発表した。彼自身はコンセプターとしてアイデアを練り、実際の製作は、モデルごと最適な一流サプライヤーを選んで依頼するシステム。そのため標準タイプの部品は皆無で、生産本数が限定されるのも当然だろう。同社はユニークなコラボモデルでも知られる。とくにF1ドライバーのフェリペ・マッサやテニスのラファエル・ナダル、ゴルフのバッバ・ワトソンといった一流選手とのコラボレーションが話題だ。2010年からは、それまで単独開催だった新作発表の場をSIHH（ジュネーブサロン）会場へ移行したが、経営体制は引き続き独立体制を維持。時計開発も独自性を貫き、複雑機構や新素材を用いた刺激的な製品開発を続けている。

こだわり派向け

RM 35-01ラファエル・ナダル

RM 35-01

スポーツウォッチに新しい価値を与える

偉大なテニス選手ラファエル・ナダルからインスピレーションを得て開発されたモデルの第4弾。ケースに最新素材のNTPTカーボンを用い、驚異の軽さと耐衝撃性の高さを実現した。

Spec A

ケース素材：NTPTカーボン
ケース直径・幅：49.94 mm × 42.7 mm
ケース厚：14.05 mm　パワーリザーブ：約55時間
定価：12,300,000円

自動巻き　大 型

Comment

ケース素材のNTPTカーボンは木目のような独特の模様でカーボンが幾重にも積み重なることで軽量でありながら強度を持ちます。ムーブメントの重量はわずか4.3グラムしかないのですが、5000Gを超える衝撃テストをクリアしています。Ⓐ

こだわり派向け

RM 029 オートマティック オーバーサイズ デイト

RM 029

より立体的な印象のスケルトン地板

定番の「RM 010」より若干サイズは小さいが、4時位置の2枚のディスクによって日付が大きく表示されるモデル。スケルトナイズされた新キャリバーRMAS7を搭載している。

Spec A

ケース素材：チタン
ケース直径・幅：48 mm × 39.7 mm
ケース厚：12.6 mm
パワーリザーブ：約55時間
定価：9,100,000円

自動巻き　大 型

Comment

4時位置に大型のデイト表示を備え、カレンダーが読み取りやすいです。リシャール・ミルの中でも特に日常使いに最適なモデルといえるのではないでしょうか。Ⓐ

こだわり派向け

RM 030 オートマティック デクラッチャブル ローター

RM 030

特許申請中の特殊な機構を搭載

自動巻きによるゼンマイ巻き上げのONとOFFを、パワーリザーブと連動させたのが「デクラッチャブルローター」機構。これにより機械のダメージを抑えて高い精度を発揮する。

Comment

パワーリザーブが50時間以上になるとローターと香箱の連結が外れ、40時間を下回ると再び連結され巻き上げを開始するデクラッチャブル・ローター機構を搭載しています。Ⓐ

Spec A

ケース素材：チタン
ケース直径・幅：50 mm × 42 mm
ケース厚：13.95 mm
パワーリザーブ：約55時間
定価：10,800,000円

自動巻き　大 型

こだわり派向け

RM 63-01ディジーハンズ

RM 63-01

他に類を見ない複雑なムーブメント

ディジーとは「めまい・くるくる回る」の意。リューズを押すと文字盤が反時計回りに回転し、時針は通常より速い速度で回転するという、複雑で芸術的なムーブメントが見られる。

Spec A

ケース素材：18KRG×チタン
ケース直径・幅：42.7 mm　ケース厚：11.7 mm
パワーリザーブ：約50時間
定価：14,200,000円

自動巻き　中 型

Comment

詩の一節から着想を得て製作された「時を刻むオブジェ」です。リューズを押すと文字盤がゆっくりと時計と逆方向に回りはじめ、同時に時針が通常より早く回転し、眩暈を起こしたような錯覚に陥ります。Ⓐ

世界一の知名度を誇る高級実用腕時計ブランド

ROLEX

Switzerland

ロレックス

こだわり派向け

デイトジャスト 36

116233

ブランドを象徴する品格あるデザイン

午前0時に日付が瞬時に変わるデイトジャスト機構がモデル名に。オイスターケース、自動巻き機構を併せたロレックス3大発明を凝縮。高精度クロノメーター認定のキャリバー3135を搭載。

Spec

ケース素材：904Lスチール、イエローゴールド
ケース直径：36 mm
パワーリザーブ：約48時間
価格：1,123,200円（税込）

自動巻き　小 型　防 水

Comment

デイトジャストは、クラシックウォッチの典型といえるモデル。オールステンレスも良いが、ステンレス＋ゴールドのコンビモデルもロレックスらしいです。Ⓖ

デイデイト 40

228235

エリートのための究極の逸品

1956年に日付と曜日を表示する世界初の時計として登場した。オイスターコレクションの遺産を忠実に継承し、素材はゴールドまたはプラチナのみ。

Spec

ケース素材：18Kエバーローズゴールド
ケース直径：40 mm
パワーリザーブ：約70時間
価格：3,866,400円（税込）

自動巻き　中 型　防 水

Comment

憧れのプレステージモデル。12時位置の曜日表示が特徴。写真のエバーローズゴールドはロレックス独自のゴールド合金。Ⓖ

〝3大発明〟を成し遂げ腕時計の進化に貢献

〝どの言語でも発音しやすく、耳に心地よく響き、覚えやすく、文字盤とムーブメントに刻んだときエレガントで、5文字以内の短い名前〟、1908年、ハンス・ウイルスドルフの発案したブランド名が「ROLEX」。その3年前、彼がロンドンで創設した時計販売会社は、やがてその名とともに世界を席巻することになる。

懐中時計全盛の当時、彼は腕時計の将来性に賭けた。1926年に完全防水ケース「オイスター」を完成させ、1931年には自動巻き機構「パーペチュアル」、1945年には、午前0時に日付が変わる「デイトジャスト」という〝3大発明〟を成し遂げた。

1950年代からはプロフェッショナルモデルを積極的に開発。サブマリーナー、エクスプローラー、GMTマスターなど、現在まで継続する人気モデルを次々と発表。これらは近年も目覚ましい進化を続け、最高峰の実用腕時計として君臨している。

パーペチュアル 39

114300

5種類のサイズ展開が魅力

サイズに応じたキャリバーを搭載し、キャリバー3132と3130は振動子に同社が特許を取得したパラクロム・ヘアスプリングを備える。シンプルな3針でカラフルな文字盤を展開。

Spec

ケース素材：904Lスチール
ケース直径：39 mm
パワーリザーブ：約48時間
価格：583,200円（税込）

自動巻き　小型　防水

日付表示のない、シンプルなモデル。ロレックスの中で最もサイズバリエーションを誇ります。これはケース径が39ミリの最新モデル。Ⓖ

エクスプローラー

214270

力強くエレガントなラインを継承

ケース径を39ミリにサイズアップさせ、高精度を誇る自社製のキャリバー3132を搭載。インデックスにはブルーに発光するクロマライトディスプレイを採用し、視認性の向上もなされている。

Spec

ケース素材：904Lスチール
ケース直径：39 mm
パワーリザーブ：約48時間
価格：669,600円（税込）

自動巻き　小型　防水

Comment

2016年発表のダイアルから、針は幅が広く、長くなり、また3、6、9のアワーマーカーにも長時間発光の夜光が採用され、進化しました。Ⓖ

ミルガウス

116400

強い磁場においても高い精度を保証

稲妻型の秒針が特徴的なモデル。同社が特許を取得したムーブメントの磁気シールドによって、最大1,000ガウスまでの耐磁が保証されている。

Spec

ケース素材：904L スチール
ケース直径：40 mm
パワーリザーブ：約48時間
価格：788,400円（税込）

自動巻き　中型　防水

Comment

1956年に強い磁場にさらされて働くエンジニアや技術者のために製造されたモデル。これは、2007年に発表された新世代モデル。Ⓖ

1860年の創業時から続く高精度計時への情熱

TAG HEUER

スポーツ

タグ・ホイヤー カレラ キャリバー ホイヤー01 クロノグラフ

CAR2A1Z.FT6044

スポーティさと上品さが同居する

新型クロノグラフキャリバーを搭載し、スケルトンダイアルを採用したことで内部機構を楽しむことが可能。モジュール式（組立式）ケース採用。12の異なるパーツから構成されている。

Comment

ムーブメントにはコラムホイール使用、デザイン良し、質感良し、コストパフォーマンス良し、アヴァンギャルドなタグ・ホイヤーを象徴する1本です。Ⓒ

Spec
ケース素材：ステンレススチール
ケース直径・幅：45 mm
パワーリザーブ：40時間
定価：555,000円
自動巻き　中型　防水

スポーツ

モナコ クロノグラフ

CAW2111.FC6183

スクエアケースにブルーダイアルが人気

モナコは1969年、世界初の角形防水時計として誕生。現在も世界中で高い人気を誇る。ブルーダイアルに3本の赤い針が映える1本。

Comment

角型フォルムは、他にない、時代を越えたデザインで他を圧倒します。スティーブ・マックイーンも愛用しており、映画好きにもファンの多いモデルです。Ⓒ

Spec
ケース素材：ステンレススチール
ケース直径・幅：39 mm
パワーリザーブ：約40時間
定価：560,000円
自動巻き　小型　防水

絶え間なく技術革新を行うスポーツ計時のプロ

1887年、現在のクロノグラフの基礎になっている「振動ピニオン」で特許を取得し、1916年には世界で初めて1／100秒単位の計測ができる「マイクログラフ」を開発するなど、精密計測と高精度時計の分野で実力を発揮。そんな高精度時計製造の実績を活かし、1970年代からフェラーリF1チームの公式計時を担当。1992年からはF1GP自体の公式計時を務めた。2004年からのインディカーレース公式計時では、実に1／10000秒精度のタイムキーピングを行った。

現行コレクションでは、「タグ・ホイヤー カレラ」「モナコ」「タグ・ホイヤー フォーミュラ1」のレーシング系ウォッチのほか、ラグジュアリースポーツの名品「リンク」、本格ダイバーズの「アクアレーサー」など多彩に展開。一方で、ベルト駆動による「モナコV4」や、磁力で時を刻むペンデュラム機構など、革新的な開発にも積極的に取り組んでいる。

Spec
ケース素材：ステンレススチール
ケース直径・幅：39mm
パワーリザーブ：約38時間
定価：255,000円
自動巻き 小型 防水

初心者向け

タグ・ホイヤー カレラ キャリバー5

WAR211A.BA0782

ミニマルなデザインで洗練されたフォルム

従来のカレラシリーズが持つスポーティーな雰囲気を守りつつ、クラシックかつエレガントなデザインとなったモデル。ステンレススチール製のH型ブレスレットは人間工学に基づく。

Comment

スーツとの相性が非常に高く、ブレス・革を取り替えながら、お好みの印象を作り上げられます。フォーマルで使えるシンプル・モデルをお探しの方におすすめです。Ⓒ

初心者向け スポーツ

アクアレーサー キャリバー16 クロノグラフ

CAY2112.BA0927

スタイリッシュなダイバーズウォッチ

マリンスポーツをイメージさせるブルーダイアルが印象的なモデル。防水性300メートルで、ムーブメントにはパワーリザーブ42時間対応の自動巻きキャリバー16を搭載している。

Comment

スポーティながら質感も常に高く、ラグジュアリー・スポーツ・ウォッチと呼べるモデルです。フォーマルでも合わせられるダイバーズです。Ⓒ

Spec
ケース素材：ステンレススチール
ケース直径・幅：43mm
パワーリザーブ：42時間
定価：335,000円
自動巻き 中型 防水

スポーツ

タグ・ホイヤー カレラ キャリバー16 クロノグラフ

CV201AJ.FC6357

タグ・ホイヤーカレラのDNAを受け継いだモデル

初代タグ・ホイヤーカレラのフォルムを踏襲し、キャリバー16を搭載したモデル。ケースバックにはF1の名ドライバーであるファン・マヌエル・ファンジオのレリーフが刻まれている。

Spec
ケース素材：ステンレススチール
ケース直径・幅：41mm
パワーリザーブ：50時間
定価：425,000円
自動巻き 中型 防水

Comment

タグ・ホイヤーの歴史における、モーターレーシング・スピリットを感じる1本です。このデザインはどこのブランドも真似できません。Ⓒ

スポーツ

アクアレーサー キャリバー5 セラミック

WAY211A.FC6362

スポーティーさと高級感の両立

硬質なブラックセラミック製のベゼル、ストラップにイエローのステッチが入ったダイバーズウォッチ。

Comment

ベゼルに光沢の美しいセラミックを使用することで、スポーツだけでなく街中でもおしゃれに使えます。いつでも使えるダイバーズをお探しの方におすすめです。Ⓒ

Spec
ケース素材：ステンレススチール
ケース直径・幅：41mm
パワーリザーブ：38時間
定価：255,000円
自動巻き 中型 防水

18世紀のキャビノティエ精神を受け継ぐ

VACHERON CONSTANTIN

こだわり派向け

ハーモニー・コンプリートカレンダー

4000S/000R-B123

秀麗な意匠と技の結集

創業260年を記念したコレクション。クッション型のケースに新キャリバー2460QCを搭載し、2つの小窓とポインターデイトで月日と曜日を示す。6時位置には高精度のムーンフェイズを配置。

Spec
ケース素材：18Kピンクゴールド
ケース直径・幅：49.3 mm×40 mm
ケース厚：11 mm　パワーリザーブ：40時間
定価：4,325,000円
自動巻き　中型

Comment
なんとこのモデルは、通常のムーンフェイズが約3年で修正が必要なのに対し、122年毎に一度の修正で済むという驚きの精度です。G

オーヴァーシーズ・ワールドタイム

7700V/110A-B172

いつも心に「旅」がある人へ

青い文字盤の中央には世界地図が描かれ、キャリバー2460WTを搭載し、37の地域の時間を表示できる。2本の付属ストラップが着け替え可能でオフにもオンにも活躍。

Spec
ケース素材：ステンレススチール
ケース直径・幅：43.5 mm
ケース厚：12.6 mm　本体重量：462g
パワーリザーブ：40時間
定価：3,900,000円

自動巻き　中型　防水

Comment
実用面ではスマホにかないませんが、文字盤を含めた全体のデザインを見ているだけで溜息の出るようなカッコよさ。他に類を見ません。G

歴史と伝統に基づいた高い技術力と芸術性

現存する最古の時計ブランドとして知られるヴァシュロン・コンスタンタンは、1755年から途切れず継続する老舗ブランド。当時の時計職人は時計製造技術だけでなく、科学や芸術、哲学など幅広い知識を有した真のインテリで、彼らの多くが屋根裏部屋（キャビネ）を改造して工房にしていたため、キャビノティエと呼ばれた。同社の創業者もその一人だ。

さまざま複雑機構の開発で知られ、1906年に鐘の音で時刻を知らせる「ミニット・リピーター」、1935年には部品数820の「グランド・コンプリケーション」を製作。創業260周年を迎えた2015年には、自社の時計師3名が8年もの歳月をかけて製作した「リファレンス57260」を発表。これまでの記録を塗り替える57の複雑機構を搭載する〝最も複雑な時計〟として大きな話題を呼んだ。キャビノティエの精神にルーツを持つ時計作りは、現在へと確かに受け継がれている。

こだわり派向け

マルタ

82230/000G-9185

100年以上続く伝統のトノー型

美しい曲線を描くトノー型のケースを世界で初めて腕時計に導入したブランドのひとつ。高い信頼性を誇る自社製のキャリバー 4400ASを搭載し、シンプルながらも熟達の技術が詰め込まれている。

Comment

100年の伝統を受け継ぐトノー型ケースの代名詞です。Ⓑ

Spec
ケース素材：18Kホワイトゴールド
ケース直径・幅：47.6 mm × 36.7 mm
ケース厚：9.2 mm
本体重量：322g
パワーリザーブ：約65時間
定価：2,600,000円
手巻き　中型

こだわり派向け

トラディショナル・14デイズ・トゥールビヨン

89000/000R-9655

複雑機構を備えた時計製造の芸術品

搭載されたキャリバー 2260は、14日間のパワーリザーブを備えた手巻き機械式ムーブメント。四つの香箱がすべて連動して作動する複雑な機構は、同社の技術力によるもの。

Comment

よく見ると、センターをわずかに上にずらした、絶妙なアシンメトリーになっているデザイン。気品、機構、価格、すべてにおいて最上級です。Ⓖ

Spec
ケース素材：18Kピンクゴールド
ケース直径・幅：42 mm
ケース厚：12.2 mm
本体重量：353.71g
パワーリザーブ：約336時間
定価：要問い合わせ
手巻き　中型

こだわり派向け

パトリモニー

81180/000R-9159

職人のこだわりは見えない部分にも

2世紀半もの時計作り技術を集約したコレクション。機械式手巻きキャリバー 1400を搭載。熟練の職人によるディテールへのこだわりが、見えない部分にも巧みな装飾を施している。

Spec
ケース素材：18Kピンクゴールド
ケース直径・幅：40 mm
ケース厚：6.7 mm　本体重量：65g
パワーリザーブ：約40時間
定価：1,925,000円
手巻き　中型

Comment

クラシカルですが、インデックスのバランスなど、現代的緊張感のあるモダンさ漂うデザイン。薄型ドレスウォッチの傑作品です。Ⓖ

こだわり派向け

ヒストリーク・アメリカン 1921

82035/000R-9359

1920年代の大胆なスタイル

ブランドの伝統の豊かさを伝えるため、伝説のモデルを現代風にアレンジして復刻したモデル。1時の位置にクラウンを配し、斜めの状態で時間を見るデザインが大きな特徴。

Comment

アメリカ市場向けに1921年に製作されたモデルです。時刻表示を傾けることにより、クルマを運転している時でもそのまま時刻が確認できるようになっています。Ⓑ

Spec
ケース素材：18Kピンクゴールド
ケース直径・幅：40 mm
ケース厚：8 mm　本体重量：90g
パワーリザーブ：約65時間
定価：3,575,000円
手巻き　中型

先進の自社一貫生産システムが高品質の理由
ZENITH

スポーツ

エル・プリメロ クロノマスター トリビュート トゥ シャルル・ベルモ

03.20416.4061/51.C700

ブランドの功労者に感謝と尊敬を込めて

伝説の時計職人であるシャルル・ベルモを顕彰する記念モデル。文字盤やストラップは、氏の好きなブルーを基調としている。50時間以上のパワーリザーブ機能つき。

Spec

ケース素材：ステンレススチール
ケース直径・幅：42 mm
ケース厚：14.05 mm
パワーリザーブ：50時間以上
定価：925,000円

自動巻き　中型　防水

Comment

この人がいなかったら名機「エル・プリメロ」が現代に無かった！といわれる程の危機を救った英雄的時計師を讃えたモデル。美しいシャイニーブルーのダイヤルが清々しい1本です。Ⓒ

スポーツ

エル・プリメロ クロノマスター

03.2040.4061/69.C496

伝説を継承する極めて正確な鼓動

1969年に誕生した、ブランドの象徴であるエル・プリメロキャリバーを継承したモデル。本作ではエル・プリメロキャリバー 4061を搭載し、ムーブメントが見えるデザインに。

Spec

ケース素材：ステンレススチール
ケース直径・幅：42 mm
ケース厚：14.05 mm
パワーリザーブ：50時間以上
定価：925,000円

自動巻き　中型　防水

Comment

伝説のムーブメント「エル・プリメロ」が誕生した1969年のオリジナルデザインをベースに最新技術で作られたエル・プリメロムーブメントを搭載したモデル。Ⓒ

20世紀の傑作キャリバー エル・プリメロを開発

1865年に創業したゼニスは、時計が一般の人々に普及することを予想し、いち早くマニュファクチュールと呼ばれる自社一貫生産体制を作り上げた。これで大成功を収めて世界各国に販路を広げるとともに、国際見本市や博覧会で2333もの賞を獲得してきた。

1969年、自動巻きクロノグラフ・ムーブメントの金字塔を打ち立てた。毎時3万6000振動という驚異的な高振動を誇り、エスペラント語で〝ナンバー1〟を意味する「エル・プリメロ」だ。この傑作キャリバーで不動の名声を手にしたのである。

20世紀に入ってLVMHグループへの移行に合わせ、大幅なクオリティアップも図られた。現在もノンクロノグラフの「エリート」とエル・プリメロで、技術力を武器に躍進。過去のゼニスらしいシンプルなモデルも増え、ピュアな「エリート ウルトラシン」や、往年の伝説を甦らせる「パイロット」シリーズも好評を博している。

こだわり派向け

エル・プリメロ クロノマスター トリビュート トゥ ザ・ローリング・ストーンズ

96.2260.4061/21.R575

モダンでロックなスタイルが際立つ

伝説のグループへのトリビュートモデル。ユニオンジャックが刻印されたストラップ、シースルーバックから覗くローターにはザ・ローリング・ストーンズの「リップ&タン」のロゴマーク入り。

Comment

世界唯一のムーブメント"エル・プリメロ"を製造するゼニスと伝説のロックバンド"ザ・ローリング・ストーンズ"の夢の共演モデル。希少価値があります。Ⓒ

Spec

ケース素材：チタン・DLC
ケース直径・幅：45 mm
ケース厚：14.05 mm
パワーリザーブ：50時間以上
定価：1,450,000円

自動巻き 中型 防水

初心者向け

パイロット タイプ20 GMT

03.2430.693/21.C723

伝説的パイロットのオマージュモデル

フランス航空界を牽引したルイ・ブレリオが愛用していた初期型パイロットウォッチをリメーク。利便性に優れた大きめのリューズや視認性が高い文字盤が特徴で、GMT機能を搭載。

Comment

大空への夢がもっとも花開いた時代に製造されていた作品の復刻です。パイロットの文字を文字盤に刻めるのはゼニスの商標権です。Ⓒ

Spec

ケース素材：ステンレススチール
ケース直径・幅：48 mm　ケース厚：15.8 mm
パワーリザーブ：50時間以上
定価：810,000円

自動巻き 大型 防水

初心者向け

エリート6150

03.2270.6150/01.C493

薄くてシンプルでも約4日間駆動

約100時間のパワーリザーブを備えたキャリバー6150を搭載したモデル。ブランドの新基準となる直径42ミリのサイズを超薄型に仕上げ、極めてシンプルなデザインとなっている。

Spec

ケース素材：ステンレススチール
ケース直径・幅：42 mm
ケース厚：9.45 mm
パワーリザーブ：100時間以上
定価：760,000円

自動巻き 中型

Comment

ゼニス創業150周年を記念して開発された最新型ムーブメントを搭載した意欲作。細部への作りこみが秀逸でコアな時計ファンも唸らせるモデルです。Ⓒ

初心者向け

エリート ウルトラシン

03.2010.681/21.C493

高精度・高品質な傑作ムーブメント

薄くて小型のムーブメントでありながら、パワーリザーブは50時間以上という自社開発のキャリバー Elite-681を搭載。クラシックで薄型のケースに高い技術が詰まっている。

Comment

ボンベ加工という特殊な加工を文字盤に施すことで柔らかな印象に仕上げた逸品。一切の無駄を排した美しいデザインはスーツでのお仕事やフォーマルシーンにぴったりです。Ⓒ

Spec

ケース素材：ステンレススチール
ケース直径・幅：40 mm
ケース厚：8.3 mm
パワーリザーブ：50時間以上
定価：520,000円

自動巻き 中型

MOVEMENT

比類なき名声と実力を兼ね備える ムーブメントから高級腕時計を学ぶ

ステータスの象徴として自社ムーブメントが人気

ムーブメントには汎用製品と自社製品の2タイプがあり、機械式腕時計を選択する際の大きなポイントになる。

ETAやセリタなどのムーブメント製造会社が供給する汎用タイプは、基本的には3針やクロノグラフの機能が一般的。大量生産による低コストで製造できるため、リーズナブルな価格が魅力だ。

一方、ブランドが設計から組み立てまで全てを自社で製造する自社ムーブメントは、精度を高める独自機構や高い技術力を要する複雑機能を備えていることが多い。職人が手作業で装飾することもあり、審美性に優れている点も特徴だ。

機械時計の心臓部であるムーブメントはブランドが最も力を入れるパーツのため奥が深い。とくに自社製品と汎用製品の違い、それぞれの特性を理解することは、時計選びの大きな役に立つ。

汎用ムーブメント

▼ ここがポイント ▼

1 コストパフォーマンスに優れている

大量生産システムによる製造の効率化でコストを大きく削減。ムーブメント専門会社が製造する確かなクオリティをリーズナブルな価格で手に入れられる。

2 修理用の交換パーツに困らない

「汎用」というだけあって、市場に出回っている数量が多い。オーバーホールや故障が発生した場合には、交換用パーツをすぐ入手できる。

3 高い実績を誇る安心感

例えば、バルジューCal.7750は故障のリスクが少ない名機として知られる。その高い実績で生産から30年以上経った現在も採用し続けるブランドは多い。

自社ムーブメント

▼ ここがポイント ▼

1 メンテナンス性に優れた構造

長期の使用を想定して、ブランドが独自に設計。メンテナンスの施しやすい構造を備えていることが多く、一生モノを狙うなら“自社ムーブメント”と言われる所以だ。

2 複雑な機能やこだわりの仕様を搭載

複雑機能の永久カレンダーや高精度な計時を実現する垂直クラッチ式のクロノグラフ機構など、選べる機能のバリエーションがグンと広がる。

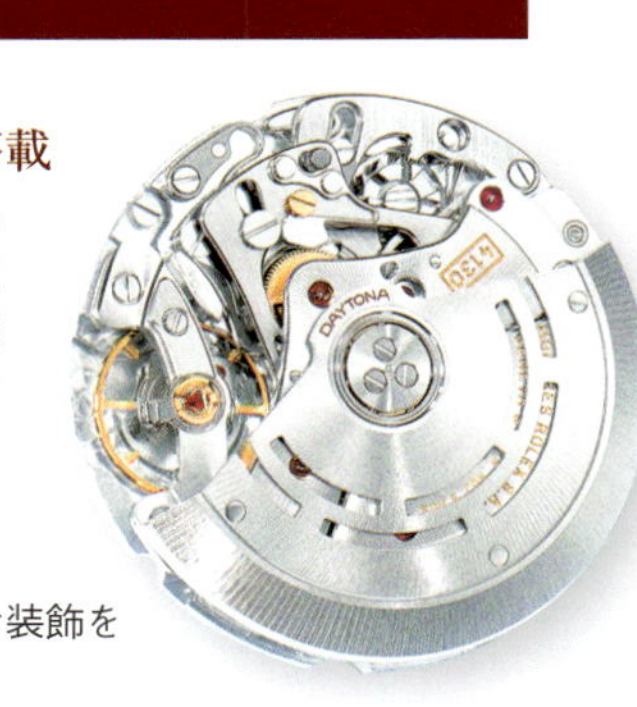

3 伝統的な時計技術による美しい仕上げ

ブランドによっては、熟練職人が手作業でローターや地板に伝統的な装飾を施すことも。ネジ1本の磨きにまでこだわったムーブメントもある。

傑作ムーブメントたち

優れた精度や美しい装飾など、傑作と謳われる理由はそれぞれ。自社製ムーブメントを中心に、各ブランドの技術力を結集させた名機をご覧あれ！

新規格マスター クロノメーターに合格!!

METAS（スイス連邦計量・認定局）によって2014年に発表されたマスター クロノメーター規格は、1万5000ガウスの耐磁性や装着時の精度など10日間の検査で全8項目のテストを実施。日常生活での使用を再現した試験として今最も注目を浴びる新規格だ。

マスター クロノメーターの認定証。所有者はカードに記載された個別識別番号から各テストの結果を参照できる。

Cal.8900

オメガ

自社

オメガの最先端技術を投入するCal.8900は、長期に渡って高い精度を維持できるシリコン製ヒゲゼンマイに加えて、天真やアンクル芯などに非磁気性素材のニヴァガウスを採用。1万5000ガウスの強耐磁性を確保した。磁気に囲まれた生活を送る現代人にとってまさに理想的なムーブメントといえるだろう。

時計の精度をつかさどる調速・脱進機構にニヴァガウスを採用。磁気を透過させることで強耐磁性を確保した。

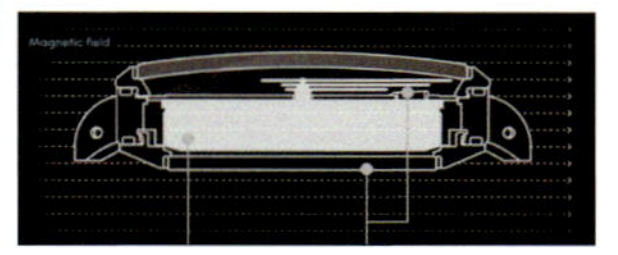

従来の耐磁構造を一新することで、ケース裏からムーブメントが見えるシースルーバック仕様が可能になった。

搭載モデルはコレ!

オメガ
グローブマスター
Ref.130.30.39.21.03.001
74万円

1952年誕生の初代コンステレーションから継承した12面体ダイアルと、優雅な雰囲気のフルーテッドベゼルの組み合わせが相性抜群。シースルーバック。直径39ミリのSSケース。100メートル防水。

Cal.4061

ゼニス

自社

搭載モデルはコレ!

ゼニス エル・プリメロ
クロノマスター 1969
Ref.03.2040.4061/69.C496
92万5000円

文字盤のオープン窓から毎時3万6000振動のエル・プリメロの鼓動を堪能できるクロノグラフ。初代から継承するインダイアルの伝統的な色使いが美しい。

3万6000振動のハイビートで高精度な計時を味わえる

1969年に世界初の自動巻きクロノグラフキャリバーとして誕生した名機「エル・プリメロ」の直系。その魅力は、高精度を実現する毎時3万6000振動のハイビート。最近ではガンギ車をシリコン製に変え、耐久性を高めた。

自動巻きローターにはコート・ド・ジュネーブ装飾を施す。デザイン面にもこだわった素晴らしい作りだ。

高級モデルに採用されるコラムホイール式を計時制御方法に採用。滑らかな操作感や精度の高い計測を楽しめる。

Cal.2892-A2

ボーム&メルシエ

搭載モデルはコレ!

ボーム&メルシエ
ハンプトン
オートマティック
Ref.MOA10155
25万5000円

縦47ミリ×横31ミリの角型ケースにシンプルなデイトつき3針をセット。わずかにカーブを描くサファイアクリスタル風防のラインが美しい。自動巻き。

モジュール追加が容易なロングセラームーブメント

スイス最大のムーブメント会社ETAが製造する3針自動巻きムーブ。頑丈なパーツが毎時2万8800の高振動を支えることで、安定した精度を長期的に発揮する。

姿勢差による精度の影響を抑えるために大型テンプを採用。大きな回転エネルギーが高い精度を維持する。

動力の伝達ロスを最小限に抑える、切り替え車方式を採用。シンプルな構造のためトラブルも少ない。

搭載モデルはコレ!

自社 Cal.ホイヤー01
タグ・ホイヤー

タグ・ホイヤー
カレラ キャリバー ホイヤー 01 クロノグラフ
Ref.CAR2A1Z.FT6044
55万5000円

自社キャリバー ホイヤー01のメカニカルな構造を文字盤側から楽しめるスケルトンモデル。ケースは12のパーツを組み合わせた新構造式。シースルーバック。

スケルトン加工で魅せる次世代ムーブメント

振動ピニオンや高効率リワインダーなど優れた計時技術を結集したクロノグラフムーブ。地板 の一部と日付ディスクに施したスケルトン加工は同社のアヴァンギャルドな精神を表している。毎時2万 8800 振動。

ケース裏側からはスケルトン加工した自動巻きローターやレッドのコラムホイールなど個性的な意匠が見られる。

最新機器を導入するスイスの自社工場。ムーブメントから、文字盤、ケースまですべてを製造する稀有なブランドだ。

搭載モデルはコレ!

ブライトリング 自社 Cal.01

ブライトリング
クロノマット 44
Ref.A011B67PA
92万円

光を浴びて輝く屈強なケースが抜群の存在感を放つ航空クロノグラフ。逆回転防止ベゼルはグローブを着けたままでも操作できるスロープ状に。500メートル防水。

高級パーツと独自モジュールで完全無欠のスペックを確保

同社が 2009 年に発表した自社製クロノグラフムーブ。正確に動力を伝える垂直クラッチ方式などを備えており、スペックの高さは一級品。日付早送りの禁止時間帯を気にせず、カレンダーの調整ができる。毎時2万 8800 振動。

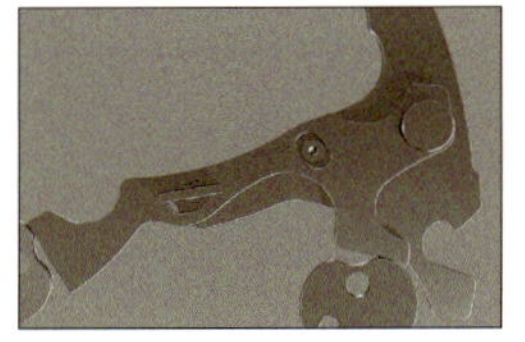

特許を取得したリセットハンマー。メンテナンス時の作業効率を高める自動位置決めシステムを備える。

高精度の証とされるCOSC クロノメーターに認定する証明書。同社はすべての腕時計ムーブメントでCOSC 基準を満たす。

搭載モデルはコレ!

自社 Cal.100.1
モリッツ・グロスマン

モリッツ・グロスマン
アトゥム
Ref.MG02.B-01-A000063
350万円

グラスヒュッテの伝統技術を継承する新興ブランドの3針モデル。丁寧に手仕上げした針やインデックスなど細部に気品が宿る作り込みが秀逸。18KRG 製。

19世紀の懐中時計を彷彿させる伝統的な構造

直径 14.2 ミリの大型サイズで、精度を追求したグロスマン製テンプを装備。19世紀の懐中時計クロノメーターに着想を得て、ベースプレートと2/3 プレートを支柱で固定。歯車の隙間を調整しやすい仕組みを持つ。毎時1万8000振動。

美しい輝きを放つゴールドシャトンを、手作業で製造した皿形スクリューで固定。審美性の高い作り込みが魅力。

ユニット化された独自のプッシャー付き手巻き機構を搭載。正確な時刻合わせと内部への埃の浸入防止に役立つ。

搭載モデルはコレ!

自社 Cal.CH 29-535 PS
パテック フィリップ

パテック フィリップ
クロノ グラフ
Ref.5170 884万円

横ふたつ目のクロノグラフや文字盤外周に配したレール型分スケール、角型プッシャーなどの伝統的なデザインが気高き品格を漂わす。手巻き。18KRG 製ケース。

時計界最高峰の工作精度で工芸品レベルの作り込みを実現

スイスの超名門ブランドが５年以上の歳月をかけて製造。計時機構の歯車の噛み合いを精密に調整できる大型の偏心カバーなど、六つの特許技術を投入。操作性と機能性のほか審美性にも優れる。毎時2万8800振動。

歯車間の隙間を最小化することで、正確なエネルギー伝達を実現。滑らかなクロノグラフ秒針の動きを生み出した。

クラッチレバーにフィンガーを取り付け、ブロッキングレバーと同期。調整作業の効率化と精度を向上させた。

自社 Cal.L951.6
A.ランゲ&ゾーネ

搭載モデルはコレ!

A.ランゲ&ゾーネ
ダトグラフ
アップ/ダウン
Ref.405.031
763万円

独自のアウトサイズデイト、分積算計、スモールセコンドを結ぶ線が正三角形を描く、調和の取れた文字盤デザインが秀逸。手巻き。18KPGケース。

世界で最も美しいと称されるクロノグラフムーブメント

451の部品数で構成される複雑精緻な構造に、伝統的なコラムホイールのほか、分積算計の正確な読み取りを可能にする特殊機構を搭載。一級品の証である洋銀(ジャーマンシルバー)の3/4プレートを採用する。毎時1万8000振動。

自社製造した偏心錘付きテンプと緩急針のないフリースプラング式ヒゲゼンマイが高い精度を長期間維持する。

パーツの受けの面取りやブルースティールネジの磨き上げなど細部に至るまで、熟練職人が手作業で仕上げを施す。

自社 Cal.ソロテンポ
ブルガリ

搭載モデルはコレ!

ブルガリ
オクト
Ref.102104
81万円

110もの面で構成された複雑極まるケースに流麗な八角形ベゼルの組み合わせが造形美にあふれる。コマを細かく繋げたブレスレットは抜群の装着感を誇る。

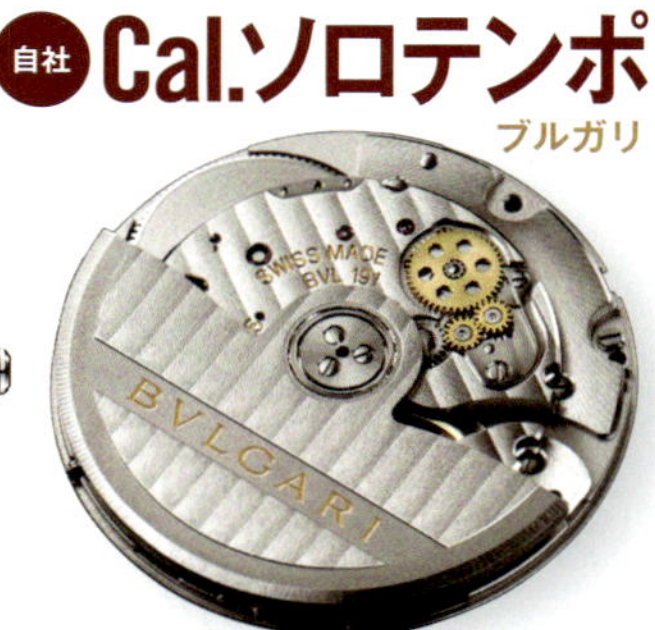

メゾンの品位を漂わせる薄型構造で高い技術力を誇示

毎時2万8800振動を誇る自動巻きCal.ソロテンポはブルガリの基幹ムーブ。職人が手作業で組み上げた後に機械が注油する効率良い製造工程で、高品質な3.8ミリ厚の薄型構造を実現。ジュエラーらしい美しい装飾も見もの。

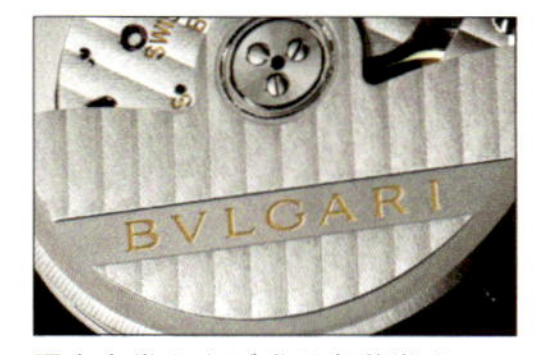

両方向巻き上げ式の自動巻きローター。縦模様のコート・ド・ジュネーブ装飾が美しい。

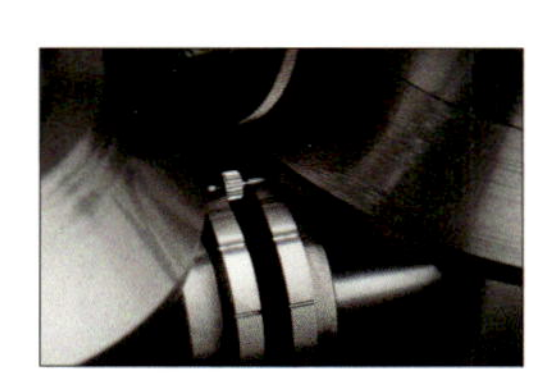

部品の製造工程。削り出し作業で誤差が許されるのはわずか4ミクロンまで。厳しい精度基準が高品質を生み出している。

高精度ムーブメントであることを保証するCOSC規格とは?

合格率はスイス機械式時計のわずか3%

COSC規格とは、スイスクロノメーター協会(COSC)が実施する時計の精度審査のことを指す。その試験は、15日間にわたり五つの姿勢と三つの温度における精度を検査。平均日差−4秒〜+6秒以内をはじめとした七つの条件を満たすことで晴れて合格となる。ミクロン単位の組み立てや調整が必要とされるため、機械式の聖地スイスの腕時計でさえクリアできるのはわずか3〜4%のみ。

クロノメーターテスト内容

項目	1	2	3	4	5	6	7	8	9
時計の姿勢									
温度	23℃	23℃	23℃	23℃	23℃	8℃	23℃	38℃	23℃
期間	2日	2日	2日	2日	2日	1日	1日	1日	2日

合格条件

1	平均日差	マイナス4秒〜+6秒以内
2	同じ姿勢と温度で測定した2日間の日差の差の平均	2秒以内
3	最初の10日間の日差の差の最大値	5秒以内
4	垂直姿勢の平均日差と水平姿勢の平均日差の差	マイナス6秒〜+8秒以内
5	最初の10日間の各日差と平均日差の最大値	10秒以内
6	8℃と38℃の日の日差の差を温度差で割った値	マイナス0.6秒〜+0.6秒以内
7	14-15日の日差から、0-1日の日差および1-2日の日差の平均値を差し引いた値	マイナス5秒〜プラス5秒以内

ScubaTec
OFFICIALLY CERTIFIED
CHRONOMETER
500m

COSC合格モデルにはその証として文字盤下部に「CHRONOMETER」のロゴが見られる。

ETAバルジュー Cal.7750

搭載モデルはコレ!

ジン
Ref.103.B.SA.AUTO
36万円

縦三つ目のクロノグラフにデイデイト機構を備えたパイロットウォッチ。1960年代にドイツ空軍が制式採用した「モデル155」の伝統を継承する両方向回転式ブラックベゼルを装備する。

屈強な構造の超定番ムーブ

ひとつひとつの部品に厚みを持たせて耐久性を高めた。ジンの場合、ベリリムプレートというクロノメーターに使用する部品を組み込み、計時精度を向上させている。毎時2万8800振動。

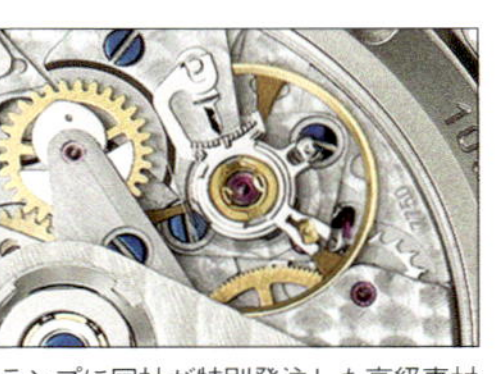

テンプに同社が特別発注した高級素材グリシュデールを採用。温度変化による精度誤差を小さくすることに成功。

少ない部品で構成できる片方向式巻き上げ式の自動巻きローター。頑丈なクロノグラフ機構の構造に一役買う。

絶え間なく
時は動いていく……

第3章
腕時計の図鑑
Part.2

高級腕時計の世界は奥が深く、また幅も広い。老舗と呼ばれるブランドにも、新興ブランドにも、それぞれの良さがある。まずは見識を広めてみよう。知っておくべき国内外ブランドを厳選紹介。

大英帝国の時計作りをルーツに持つスイスブランド

ARNOLD & SON

ロイヤル コレクション ネビュラ

1NEAR.S01A.D135A

三次元の透かし細工の芸術的ムーブメント

ロイヤルコレクションは、英国スタイルを象徴するエレガンスと洗練さを備えたコレクション。スケルトンなので、美しい自社製キャリバーを常に見ることができる。

Comment

ネビュラ(星雲)をイメージさせる、放射線状に作られてそのまま文字盤にもなっているブリッジがとてもユニーク。G

Spec ➤

ケース素材：18Kレッドゴールド
ケース直径・幅：41.5 mm
ケース厚：8.73 mm
文字盤カラー：スケルトン
パワーリザーブ：90時間
定価：2,980,000円

手巻き  中型
防水

こだわり派向け

ロイヤル コレクション エイト-デイ ロイヤル・ネイビー

1EDAS.U01A.D136A

使いやすいロングパワーリザーブ

長時間パワーリザーブ、バランスの良いパワーリザーブインジケーターとデイト表示などの要素が理想的に実現された一本。細部の仕上げも丁寧に施されている。

Spec ➤

ケース素材：ステンレススチール
ケース直径・幅：43 mm
ケース厚：10.7 mm
文字盤カラー：ネイビー
パワーリザーブ：192時間
定価：1,470,000円

手巻き 中型 防水

Comment

このスペックで、ケース厚が10.7ミリというのは、なかなかのもの。文字盤は3種類の色から選べるのも嬉しい。G

こだわり派向け

インストゥルメント コレクション タイム・ピラミッド

1TPAS.S01A.C124S

構成部品がピラミッド形になっている

インストゥルメントコレクションは、アーノルド&ロジャー親子の作ったマリンクロノメーターを手本とした、意欲的なコレクション。ムーブメントは自社製。

Spec ➤

ケース素材：ステンレススチール
ケース直径・幅：44.6 mm
ケース厚：10 mm
文字盤カラー：スケルトン
パワーリザーブ：90時間
定価：3,280,000円

手巻き 中型 防水

Comment

立体的なムーブメントの配置がとても特徴的。見た目もグレーベースの中にブルーが映えてとても美しい。G

マリンクロノメーターを発明 天才親子のDNAを継承

18世紀後半、ロンドンに天才時計師、ジョン・アーノルドという男がいた。彼は息子であるジョン＝ロジャーをパリのブレゲのもとに弟子入りさせ、その後、親子でロンドンで立ち上げたのが時計工房「アーノルド&サン」だった。アーノルドの発明したマリンクロノメーターは、当時海洋帝国であったイギリスの躍進を支える技術となった。他にも、デテント脱進機、螺旋状のヒゲゼンマイ、バイメタルテンプなど時計史に残る発明を数多く残している。その後会社は休眠したが、偉大なる功績に敬意を表し、1995年にスイスで復興された。

鉄道時計から発展した究極のタフウォッチ
BALL WATCH

初心者向け

エンジニアII マグニートーS

NM3022C-N1CJ-BK

通常の耐磁時計の規格を上回る耐磁性

通常の機械式時計は磁石との接触で不具合が出ることも。航空業界などで使用されていた「ミューメタル」を採用し、通常の耐磁時計の規格を大きく上回る耐磁性を実現した。

Comment

ベゼルの回転により、ケースバックがシャッターのように開閉。シャッターを閉じることで最大8万A/m以上の耐磁性能を発揮してくれます。B

Spec

ケース素材：ステンレススチール
ケース直径・幅：42 mm
ケース厚：12.9 mm
文字盤カラー：ブラック
本体重量：96g
パワーリザーブ：38時間
定価：360,000円
自動巻き　中型　防水

初心者向け　スポーツ

エンジニア ハイドロカーボン NEDU

DC3026A-SCJ-BK/GY

米海軍潜水実験隊のオマージュ・モデル

潜水時のケース内部と外部の気圧差をなくすヘリウムバルブという特許構造により、高い防水性能を実現。リューズ自体に直接衝撃が加わらないためのシステムも採用されている。

Comment

同社が特許を取っている最新の機構を満載した最強のダイバーズウォッチ。600メートルの防水力を誇ります。B

Spec

ケース素材：チタン
ケース直径・幅：42 mm
ケース厚：17.3 mm
文字盤カラー：ブラック、グレー
本体重量：209g
パワーリザーブ：48時間
定価：400,000円
自動巻き　中型　防水

初心者向け

ストークマン ストーム チェイサープロ

CM3090C-L1J-BK/GY/WH

対象との距離を測るテレメーター搭載

竜巻を研究する「ストームチェイサー」のために作られたモデル。クロノグラフとテレメーターにより対象物との距離を計測できる機能が特徴。気象学では稲妻との距離を測る際に活用されている。

Spec

ケース素材：ステンレススチール
ケース直径・幅：42 mm
ケース厚：15.65 mm
文字盤カラー：ブラック、グレー、ホワイト
本体重量：105g
パワーリザーブ：48時間
定価：276,000円（ステンレス）
266,000円（カーフレザー）
自動巻き　中型　防水

Comment

稲妻からの距離を測定できるテレメーターを装備している、ストームチェイサーのために作られた時計です。B

10年自発光するマイクロ・ガスライトで現代に飛躍

米国鉄道の黎明期、安全な運行の鍵となる高精度な鉄道時計の検査システムを構築したウェブスター・クレイ・ボールが1891年に創業。どんなに過酷な状況でも正確に時間を刻むために、現代の同社はスイスの製造技術を採用して、耐久性や機能性を追求。マイクロ・ガスライトをはじめ先進技術も積極的に採用している。

2004年に誕生した「エンジニアハイドロカーボン」が人気ラインに成長。独創的な機構を次々に開発し、フリーダイバーのギヨーム・ネリーや、宇宙飛行士のブライアン・ビニーなどのプロの期待に応える時計を発表。機械式タフウォッチの分野では他社を圧倒している。

時代を先取りする時計界のトレンドセッター
BAUME & MERCIER

Spec ➤
ケース素材：ステンレススチール
ケース直径・幅：44 mm
ケース厚：16.5 mm
パワーリザーブ：42時間
定価：740,000円
自動巻き　中　型

スポーツ
ケープランド
M0A10006

エレガントかつヴィンテージの香り

シックでスポーツテイストなシリーズのケープランド。1948年に同社が制作したクロノグラフをもとに、伝統的なデザインを踏襲している。

Comment
「エスケープ」という言葉にインスピレーションを受けたコレクションです。冒険のためのウォッチは、都会生活からの脱却へといざないます。Ⓒ

初心者向け
クラシマ オートマティック
M0A10215

リニューアルされた代表的モデル

ダイアルのライン・ギョシェ彫りが特徴的な、ボーム&メルシエのアイコニックなコレクション。デザインは新たな未来をイメージしている。

Comment
1960年代後半のスリムウォッチをもとに現代風にアレンジしたモデル。バランスの取れた美しいシルエットは見る者の心をくすぐります。エレガントでさり気のないウォッチを愛する男性のお客様におすすめです。Ⓒ

Spec ▲
ケース素材：ステンレススチール
ケース直径・幅：40 mm
ケース厚：8.95 mm
パワーリザーブ：38時間
定価：260,000円
自動巻き　中　型

Spec ▼
ケース素材：ステンレススチール
ケース直径・幅：43 mm
ケース厚：12.3 mm
パワーリザーブ：42時間
定価：480,000円
自動巻き　中　型

初心者向け
クリフトン コンプリケート カレンダー
M0A10055

「黄金の50年代」にインスパイア

機械式腕時計の黄金期といわれる「黄金の50年代」に生まれた数々の逸品の流れを受け継いだモデル。サイズと機能性に現代的な装いを取り入れながらも、クラシックな雰囲気を醸し出す。

Comment
伝統的な時計製造の神髄と都会的なエレガンスを兼ね備えています。比較的リーズナブルな価格帯もビジネスマンにご満足いただけるタイムピースです。Ⓒ

"最高品質の時計"だけを作り続けた約200年の歴史

創業者一族は16世紀から時計製造を下請けしながら、技術と知識を代々継承。1830年にボーム兄弟会社として独立創業した。1920年、創業者の孫、ウィリアム・ボームと芸術を愛する実業家ポール・メルシエが出会い、現在の社名に変更。確かな品質と独創的な意匠で名声を得てきた。

角型ブームの先駆け「ハンプトン」(1994年)、シック&モダンな「クラシマ」(1996年)、スポーティな「ケープランド」(1998年)、都会的でモダンな「クリフトン」(2013年)とヒットを連発。エレガントな意匠と適正価格で時計ファンを魅了している。

ミリタリーデザインにプロ好みの機能性を凝縮
BELL & ROSS

こだわり派向け

BR 03-94 ゴールデン ヘリテージ

BR03-94 GOLDENHERI-CA

レトロなルックスかつラグジュアリー

サテンとポリッシュで仕上げたケース、エイジング加工を施した文字盤が特徴。ベル&ロスを代表する「ヘリテージ」シリーズをより洗練させた一品。

Comment

ゴールドプレート仕上げの針とインデックスがネーミングの由来ですが、古い時代のコックピットの計器類というコンセプトも併せ持っています。B

Spec

ケース素材：ステンレススチール
ケース直径・幅：42mm　**ケース厚**：12.1mm
文字盤カラー：ブラック　**本体重量**：140g
パワーリザーブ：約40時間
定価：730,000円

自動巻き　中型　防水

初心者向け

BR 03-92 ブラック マット セラミック

BR0392-BL-CE/SRB

男らしい艶消しブラックマット

視認性の高さは、実用性も高く、かつ、艶消しの黒いケースが男らしさを演出するモデル。ケースはセラミック製だ。

Comment

つや消しになったケースや文字盤に対比カラーである白の針を合わせることにより、視認性の向上につながっています。B

Spec

ケース素材：セラミック
ケース直径・幅：42mm
ケース厚：9.6mm
文字盤カラー：ブラック
本体重量：130g
パワーリザーブ：約40時間
定価：490,000円

自動巻き　中型　防水

スポーツ

ヴィンテージ BR 123 スポーツ ヘリテージ

V-BR123 SPORT-HERI-R

細部にまで再現した1960年代の空気感

仏ダッソー社のビジネスジェット機「ファルコン」が誕生し、民間航空機が台頭した1960年代の空気と当時のスポーツウォッチの雰囲気をストラップなどすみずみまで表現。

Spec

ケース素材：ステンレススチール
ケース直径・幅：43mm
ケース厚：12mm
文字盤カラー：ブラック
本体重量：90g
パワーリザーブ：約40時間
定価：345,000円

自動巻き　中型

Comment

過去を現代に蘇らせるという、ベル&ロスが得意としているコンセプト。1960年代当時のテイストを巧みに再現しています。B

セレブを魅了する新感覚のミリタリーテイスト

工業デザイナーのブルーノ・ベラミッシュ（ベル）と、経営畑のカルロス・A・ロシロ（ロス）が、1991年にフランスのパリで創業。当初はジン（P110）と技術提携し、世界展開を始めた。「ヴィンテージ」（1997年）や「ジュネバ」（2001年）に続き、角型航空時計の「BR 01」（2005年）「BR 03」（2006年）で一気にブレイク。2007年にはダイバーズの「BR 02」も加わった。

1940年代をテーマにした「ヴィンテージ」や1920年代の懐中時計に着想した「WW1」も好調だ。ラグジュアリーな新感覚ミリタリーが世界を席巻している。

世界初の音叉時計を開発した革新のブランド

BULOVA

初心者向け

アキュ・スイス カークウッド ハートビート

63A125

シリーズを代表する洗練されたモデル

「透明性」がテーマの「カークウッド」。全面シースルーで精巧なメカニズムを見せる「スケルトン」と、12時位置の小窓からテンプの“鼓動”がのぞける「ハートビート」の2シリーズがある。

Comment

太陽光線のようなデザインの文字盤に、12時位置から覗くムーブメントが特徴的です。B

Spec

ケース素材：ステンレススチール
ケース直径・幅：40 mm
ケース厚：10.8 mm
パワーリザーブ：38時間
定価：118,000円

自動巻き　中型　防水

ブローバ カーブ

98A162

世界初のカーブしたクロノムーブ搭載

自然なカタチで腕にフィットするよう、「時計があるべき形は何か」という視点から開発した、曲線ムーブメントが特徴。262kHzの振動周波数で振動する高性能クォーツムーブ採用。

Comment

カーブするクロノグラフムーブメントを設計。サファイアガラス、ダイヤルなどもカーブするよう作り込まれています。F

Spec

ケース素材：チタン、ステンレススチール
ケース直径・幅：44 mm
ケース厚：10.1 mm
文字盤カラー：ブラック
定価：120,000円

クォーツ　中型

こだわり派向け

アキュトロンII

96A155

名機の前身モデルを現代風にアレンジ

アポロ11月号の月面着陸など宇宙計画に重要な役割を果たしたアキュトロン・人気モデルの「スペースビュー」がモチーフ。スィープ運針という流れるような秒針の動きが美しい。

Spec

ケース素材：ステンレススチール
ケース直径・幅：42 mm
ケース厚：12.3 mm　**定価**：48,000円

クォーツ　中型

Comment

1960年に発表された世界初の音叉式時計にインスピレーションを受けた復刻モデルです。B

アメリカの精神と欧州の伝統が息づく

1875年にアメリカ、ニューヨークで創業したブローバは、1960年に世界初の音叉式腕時計「アキュトロン」を発明し、アメリカを代表するブランドとしての地位を確立。オメガのほかに唯一、月面で腕時計が使用されたことでも知られる。日本へは、アキュトロン誕生50周年となった2010年から、本格的な上陸を果たしている。

現在、リーズナブルで洗練された機械式時計とともに好評なのが、高振動クォーツ搭載モデルだ。これは一般的なクォーツの8倍の高振動数で作動し、高精度を誇る。世界初のカーブしたクロノムーブも搭載している。

美しい仕上がりが世界中のセレブに人気

CARL F. BUCHERER

こだわり派向け

パトラビ エボテック ビッグデイト

00.10628.13.53.01

快適な装着感とビッグデイト表示

クッションケースを縁取るラバーとマットのベゼル、さらに美しいブルーのストラップが心地よい装着感を生み出す。また、その名のとおり、通常のものより大きなデイト表示も特徴。

Comment

緩やかな膨らみを持つクッション型のケースに3年の開発を経て誕生した自社開発・製造ムーブメントは、同社が初めて実用化に成功した自動巻きリング型ローターを搭載しています。Ⓒ

Spec

ケース素材：ステンレススチール
ケース直径・幅：39.25 mm×38.54 mm
ケース厚：12.9 mm　文字盤カラー：ブルー
本体重量：102 g　パワーリザーブ：55時間
定価：1,050,000円

自動巻き　小型

Spec

ケース素材：ステンレススチール
ケース直径・幅：42 mm×39 mm　ケース厚：13.8 mm
文字盤カラー：ブラック　本体重量：125 g
パワーリザーブ：42時間　定価：860,000円

自動巻き　中型

こだわり派向け

パトラビ T-グラフ

00.10615.08.33.21

ユニークで楽しいパワーリザーブ表示

クロノグラフ、ビッグデイト、パワーリザーブ表示の3機能が特徴。中でも、レトログラード式とは一味異なるパワーリザーブ表示がユニークで見る者を楽しませてくれる。

Comment

伝統的なトノー型フォルムが新しい表現になりました。ユニークな存在のパワーリザーブ表示、ディスクと針がそれぞれ動いてゼンマイ残量を表示します。Ⓒ

初心者向け

マネロ オートデイト

00.10915.08.13.21

現代によみがえった1960年代スタイル

ファッションの重要なトレンドを確立した1960年代に生まれたスタイルを復刻。小ぶりのダイヤルに3針、3時位置にデイト表示というスタンダードでエレガンスなデザインだ。

Spec

ケース素材：ステンレススチール
ケース直径・幅：42 mm
ケース厚：11.98 mm
文字盤カラー：シルバー
本体重量：168 g
パワーリザーブ：38時間
定価：450,000円

自動巻き　中型

Comment

マネロとは「手によって導かれたもの」という意味のラテン語の言葉から来たシリーズ名。シンプルで率直な美しさを好む人のために作られています。Ⓒ

時計宝飾店からスタートしマニュファクチュールへ

スイスの高級時計宝飾店として始まったカールF.ブヘラは、1919年から時計製造に着手。世界のセレブリティを満足させる高品質かつ華麗なラインナップを展開し、1924年にはロレックスと協力体制を築いて時計店として成長を遂げる。

95年に及ぶ時計製造の歴史は、自社キャリバーの開発へと行きつく。複雑ムーブ工房、THA社(2007年に買収)と自社製ムーブメントの開発に着手。2009年には自動巻き、手巻き両方の利点を備えた外輪ローター搭載モデルを発表した。長い歴史を有する老舗高級店が培ってきた優れたデザイン性にも定評がある。

最先端のデジタル技術をアナログでも発揮

CASIO

初心者向け スポーツ

G-SHOCK

MTG-G1000D

タフで使いやすい鉄板モデル

人気シリーズ・MT-GにGPSハイブリッド電波ソーラーを搭載。MT-Gならではのコアガード構造も進化し、正面からの衝撃耐性が向上。強さ、美しさ、正確さを兼ね備えた。

Comment

GPS衛星電波に加え、地上の標準電波も受信し、どこでも正確な現在時刻を表示します。B

Spec

ケース素材：ステンレススチール
ケース直径・幅：58.8 mm
ケース厚：16.9 mm
本体重量：198 g
パワーリザーブ：パワーセービングの状態で約19カ月
定価：160,000円

ソーラー 大型 防水

オシアナス

OCW-G1100

ブルーにこだわった究極の美麗モデル

OCEANUSのブランドカラー・ブルーにこだわり、サファイアガラスのベゼルにはブルーとブラックをカラーリング。針軸には時を刻むごとにきらめく再結晶ブルーサファイアを配すなど、随所にこだわりが見られる。

Comment

ベゼルはブルー蒸着させたサファイアガラス、針軸に再結晶ブルーサファイアのオーナメントをセットするなど、輝きを放つ地球の青をイメージしています。B

Spec

ケース素材：チタン
ケース直径・幅：51.1 mm
ケース厚：15.1 mm
本体重量：102 g
パワーリザーブ：パワーセービング状態で約19カ月
定価：230,000円

ソーラー 大型 防水

初心者向け スポーツ

プロトレック マナスル

PRX-8000T

視認性と装着性に優れたアウトドアウォッチ

8000メートル峰登頂を想定し、コントラストの高いフェイスデザインで意識が朦朧とする環境でも、高い視認性を実現。金属部分には軽量のチタンを採用し、長時間装着時の負担を軽減する。

Spec

ケース素材：チタン
ケース直径・幅：59.7 mm
ケース厚：14.4 mm
本体重量：140 g
パワーリザーブ：パワーセービング状態で約25カ月
定価：160,000円

ソーラー 大型 防水

Comment

1956年、日本隊が世界で初めて登頂に成功した8163メートルの山マナスルに由来する本格モデルです。プロトレックシリーズの最上位ライン。B

G-SHOCKをはじめ多機能時計で世界を席巻

樫尾製作所を前身とするカシオが時計業界に進出したのは1974年。世界初のオートカレンダーを搭載するデジタルウォッチ「カシオトロン」を発表する。以来、エレクトロニクス技術を駆使した多機能時計で世界を席巻。大きな転機となったのは、1983年。画期的な耐衝撃構造と斬新なデザインを有するG-SHOCKが発売され、1990年代に入って大ヒットを記録。2004年からはアナログの高機能時計に注力し始め、オシアナスやエディフィスなどを展開。近年はスマートフォンとのリンク機能やGPSハイブリッドソーラーなど最先端技術を搭載した仕様も登場している。

皇帝ナポレオン１世に愛された名門メゾン

CHAUMET

女性向け

リアン・ドゥ・ショーメ 33mm

W23874-22A

ダイヤをあしらった上質なデザイン

ケースには18Kのピンクゴールドを使用。最大の特徴は、ダイヤル部分のダイヤモンド。ストラップにアリゲーターを使うあたりが、高級感がありおしゃれ。

Spec

ケース素材：18Kピンクゴールド&ダイヤモンド
ケース直径・幅：33 mm　価格：3,500,000円

自動巻き　小 型

Comment

ショーメの意欲作。もともとジュエラーがゆえに、外装がちゃんとしたコレクションで宝飾時計として本当によくできています。Ⓔ

女性向け

リアン・ドゥ・ショーメ 27mm

W23710-02A

フランスを愛するエレガントな女性に

ケース素材にイエローゴールドとSS、リューズには、マザーオブパールが使われたエレガントなモデル。落ちついた大人の女性に。

Spec

ケース素材：18Kイエローゴールド&ステンレススチール
ケース直径・幅：27 mm
価格：905,000円

クォーツ　小 型

Comment

ブレスレットのつくりが大変いいです。宝飾時計としても使いたいし、普通にも使いたいという人には、いい選択肢だと思います。Ⓔ

こだわり派向け

ダンディ

W11889-27M

男のためのスタイリッシュ時計

メゾンの時計製造の伝統に息づく価値観、卓越性を表現するためにデザインされ、誕生した「ダンディ」。独特の文字盤ストライプが魅力を高めている。

Spec

ケース素材：ピンクゴールド
ケース直径・幅：38 mm
ケース厚：8.8 mm
パワーリザーブ：42時間
定価：1,690,000円

手巻き　小 型

Comment

ストライプを入れて個性を出してはいますけれども、薄くて質感が高くて普通に使えるという点でいい時計だと思います。Ⓔ

伝統のジュエラーらしい普遍的な美しさが宿る

ナポレオンの戴冠式で使用された宝石をはじめ、フランス王室用の宝飾品を制作するなど、ヨーロッパの王侯貴族に愛された歴史を持つ伝統のジュエリーブランド。

現在のメンズウォッチコレクションは、創業以来のリボンデザインである"愛の結び目"を意味するラック・ダムールが特徴の「リアン・ドゥ・ショーメ」コレクションや、クッションケースとストライプ模様で好評を博した「ダンディ」コレクションが中心だ。ジュエラーとしての卓越したノウハウと高度な時計技術の融合により、世界のVIPやセレブから絶大な信頼を得て、確固たる地位を築いている。

ドレス系からレーシング系まで多彩な展開
CHOPARD

L.U.CHOPARD

こだわり派向け

L.U.C XPS

(左) 161920-5002 / (右) 161920-1004

光る技術と美しさ シンプルな定番

精巧な技術、洗練された美しさ、そしてシンプルさを併せ持つ人気の定番ウォッチ。超薄型ケースに65時間のパワーリザーブを誇るムーブメントを収める職人技が光る逸品だ。

Comment

L.U.Cの代表格、といえば迷わずXPS。シンプルで上質、スマートでインテリジェンスが漂うタイムピース。COSCが標準設定、ジュネーブシール取得モデルも揃い、ビジネスシーンにも適した、本格的なドレスウォッチです。レディースも展開。Ⓒ

Spec

ケース素材：(左) 18Kローズゴールド (右) 18Kホワイトゴールド
ケース直径・幅：39.5 mm
ケース厚：7.13 mm
パワーリザーブ：約65時間
定価：各1,830,000円
自動巻き 小型

スポーツ

Mille Miglia GTS Power Control

168566-3001

車ファンなら注目！ レースのオマージュ

イタリアのクラシックカーレース「ミッレ ミリア」の名を冠するモデル。ブラックの文字盤、レッド及びホワイトのアクセントはヴィンテージカーの計器盤へのオマージュだ。

Spec

ケース素材：ステンレススチール
ケース直径・幅：43 mm
ケース厚：11.43 mm
パワーリザーブ：約60時間
定価：725,000円
自動巻き 中型 防水

Comment

パワー、耐久性、審美性がひとつになったミッレ ミリア GTS コレクション。自社製ムーブメントが搭載されてパワーアップ。モータースポーツをこよなく愛す、すべての男性へ。Ⓒ

スポーツ

Superfast Chrono Porsche 919 Edition

168535-3002

世界919本限定のスポーティーモデル

ポルシェのハイブリッドレーシングカー・919のデザインを取り入れ、スイス公認クロノメーター検査局認定の気品あるフライバック クロノグラフ。モデル名も示す919本限定。

Spec

ケース素材：ステンレススチール
ケース直径・幅：45 mm
ケース厚：15.18 mm
パワーリザーブ：約60時間
定価：1,410,000円
自動巻き 中型 防水

Comment

左カウンター中央部に配された「919」がポイント。ショパールは、FIA世界耐久選手権で勝利を収め続ける、ポルシェモータースポーツのオフィシャルタイミングパートナーです。ポルシェ特有のスタイリッシュさ、エネルギッシュなスピード感を、クールに表現したエナジーウォッチ。Ⓒ

クラシックカーレースのスポンサードで人気拡大

1860年、懐中時計の製造を行う時計工房に始まった同社は、"動くダイヤモンド"を二枚のサファイヤクリスタルの間にセットした「ハッピーダイヤモンド」(1976年)を発表し、世界的に大ヒット。1996年には自社キャリバーL UCの開発に成功し、マニュファクチュールへの復帰を果たした。

ショパールの歴史のなかで特筆すべきは、1988年から現在まで、世界的なヴィンテージカーレース「ミッレ ミリア」の公式パートナー兼タイムキーパーを務めていること。毎年発表されるラグジュアリーな限定スポーツモデルは、世界中のファンを虜にしている。

スイスの伝統的な時計製造技術を受け継ぐ
CHRONOSWISS

こだわり派向け

シリウス フライング･レギュレーター マニュファクチュール

CH-1243-3-BLBL

宙に浮いている3次元スタイル文字盤

天文台で使用された高精度時計を意味するレギュレーターモデル。フライングと冠しているのは、文字盤の上下に配されサークルが一段高く設計されていることに由来する。

Comment

ブランドのDNAであるレギュレーターに、クラシックでありながら、ユニークなモデルが加わりました。このために、新しいギョシェ彫りデザインが施されており、伝統と新たな挑戦を試みました。Ⓕ

Spec
ケース素材：ステンレススチール
ケース直径・幅：40mm
ケース厚：12mm
文字盤カラー：ガルバニックブルー
パワーリザーブ：45時間
定価：1,110,000円
自動巻き　中型

こだわり派向け

シリウス レギュレーター

CH-1243.1

クロノスイス定番の看板モデル

1987年に発表されたレギュレーター機構を搭載した「レギュレーター」は、同社の看板モデル。クラシカルなルックスと高い技術が融合する時計だ。

Comment

クロノスイスの定番中の定番。中身が昔のムーブメントを使っているので、ムーブメント好きにも響く存在でもあります。Ⓔ

Spec
ケース素材：ステンレススチール
ケース直径・幅：40mm　ケース厚：11mm
文字盤カラー：シルバー
パワーリザーブ：40時間　定価：945,000円
自動巻き　中型

こだわり派向け

シリウス レギュレーター クラシック

CH8723-SI

レギュレーターコレクションの新モデル

伝統的で飽きのこない装いに、新鮮でスポーティーなアクセントが加えられた。マット仕上げと艶仕上げの表面は非常に調和のとれた外観である。

Spec
ケース素材：ステンレススチール
ケース直径・幅：40mm
ケース厚：10.45mm
文字盤カラー：ガルバニックシルバー
パワーリザーブ：38時間
定価：595,000円
自動巻き　中型

Comment

掲載写真のガルバニックシルバーの文字盤のほか、ガルバニックブルー、ガルバニックブラックもご用意しております。こちらも、ぜひ腕に巻いてお試しください。Ⓕ

熟練職人の手作りによるクラシカルな造形美

1980年代のクォーツショックを乗り越え、スイス機械式時計の伝統を継承するべく時計師ゲルト・R・ラングが、ミュンヘンに時計工房を設立。1987年に同社初のオリジナルとなる「レギュレーター」がヒットを記録した。

2001年には世界初のレギュレーター式自動巻きクロノグラフ「クロノスコープ」を発売。2009年になると自社製ムーブメントを発表する。現在はドイツのミュンヘンからスイスのルツェルンへ本社を移転。熟練職人による時計作りを推し進めるべく、年間生産を5000個に限定して、伝統的な時計作りを実践している。

最初の懐中時計の名前であったシチズン（市民）に由来

CITIZEN

初心者向け

シチズンコレクション エコ・ドライブ

AR3010-65A

ミニマルで美しい光発電ウォッチ

極薄型の光発電時計。フラットなケースデザインを用いて、ケース厚4.8ミリという薄さを実現。「薄さに挑戦する」というコンセプトや、高い技術力、シンプルなデザインなどが評価され、2010年のグッドデザイン賞を受賞。

Spec

ケース素材：ステンレス　**ケース直径・幅**：36.2 mm
ケース厚：4.8 mm　**文字盤カラー**：ホワイト
パワーリザーブ：フル充電時6カ月可動　**定価**：45,000円

Comment

2針のミニマルで美しいデザインで、しかも光発電という利便性を兼ね備えたコストパフォーマンスの高いモデルです。Ⓕ

初心者向け

シチズン アテッサ エコ・ドライブ GPS衛星電波時計 F900

CC9015-54E

世界最短3秒で GPS衛星電波を受信

GPS 衛星電波を世界最速最短3秒で受信し、針の動きもスピーディ。多機能の光発電GPS 衛星電波時計の中では比較的薄い。

Spec

ケース素材：チタニウム　**ケース直径・幅**：43.5 mm
ケース厚：13.1 mm　**文字盤カラー**：ブラック
パワーリザーブ：フル充電時約5年可動
（パワーセーブ作動時）　**定価**：200,000円

クォーツ 中型 防水

Comment

GPS衛星から時刻情報を受信、さらに位置情報を取得し適応するタイムゾーンを自動解析し、時刻とカレンダーを自動で修正します。また針の動きが早い！Ⓕ

こだわり派向け

シチズン エコ・ドライブ ワン 限定モデル

AR5014-04E

世界で最も薄い アナログ式の光発電時計

モデル名の「ONE」を体現する薄さわずか1ミリのムーブメントを内包する超薄型時計。しかもシチズンが独自に開発してきた光発電技術エコ・ドライブを搭載している。

Spec

ケース素材：サーメット
ケース直径・幅：38.5 mm
ケース厚：2.98 mm（設計値）
文字盤カラー：ブラック
パワーリザーブ：フル充電時 12 カ月可動
定価：700,000 円

クォーツ 小型 防水

Comment

光発電のアナログ時計では世界で最も薄い時計で、腕に巻いたときの着け心地は他の追随を許さない。初めて目にしたときは薄さに驚きました。Ⓕ

革新的な「世界初」「日本初」を多数輩出

シチズンはこれまで多数の革新機構を開発してきた。耐震装置付のパラショック（1956年）、完全防水腕時計パラウォーター（1959年）、光発電エコ・ドライブ（1995年）など挙げればきりがないほど。これら国産初の技術開発で世界的に有名なブランドへと成長を果たした。

近年、力を入れているのが2011年発表の「エコ・ドライブ サテライトウエーブ」。これは世界で初めて、人工衛星から時刻情報を受信し、時刻を修正する、アナログ式の光発電式衛星電波時計。受信速度の高速化やGPS機能の追加など、年々進化をとげている。

既存概念を打ち破る機構とデザインで成長

CORUM

こだわり派向け　スポーツ

AC-ONE 45 MM Chrono

A116/02599

メタルとチーク材のコントラストが秀逸

12角形のベゼルが特徴的。ヨットレース「アドミラルズカップ」の名を冠するモデルらしく、文字盤には、ヨットのデッキによく使用されるチーク材を採用。ケースのメタルとの素材の違いが力強く独創的だ。

Spec

ケース素材：ステンレススチール
ケース直径・幅：45 mm
ケース厚：14.3 mm
文字盤素材：チーク材
本体重量：約165 g
パワーリザーブ：42時間
定価：1,100,000円

自動巻き　中型　防水

Comment

定番中の定番モデルですけれども、値段が手頃なので、変わったスポーツウォッチとしての選択肢としてアリだと思います。Ⓔ

こだわり派向け

Golden Bridge

B113/01043

直線性を探求し どの角度からも美しい

リューズを垂直軸に沿った6時の位置に配することで、コルムが続ける直線性への飽くなき探求を体現。最高級のメカニズムが演出するアクションを360度の視野角で眺められる。

Comment

芸術品というか工芸的な価値がある1本ですよね。生活防水の性能がついているのもうれしい。普段使いの工芸時計の最右翼です。Ⓔ

Spec

ケース素材：18Kt レッドゴールド　ケース直径・幅：51 mm×34 mm
ケース厚：11.35 mm　本体重量：90 g
パワーリザーブ：40時間　定価：4,500,000円

手巻き　大型

こだわり派向け

Artisans Coin Watch $20

C293/00831

歴代米大統領など各界の著名人が愛用

本物の金貨をスライスし片面を文字盤に、もう片面を裏に使用したコインウォッチ。初代が発表された1964年以来、歴代米大統領など著名人が愛用。2015年には50周年記念モデルが発表された。

Spec

ケース素材：18kt イエローゴールド
ケース直径・幅：36 mm　ケース厚：6.4 mm
文字盤カラー：イエローゴールド
本体重量：約65 g　パワーリザーブ：72時間
定価：3,200,000円

自動巻き　小型

Comment

コルムはコインウォッチの先駆けで、看板モデルのひとつです。基本的にコルムといえばコインウォッチ。薄くて使いやすいです。Ⓔ

〝前代未聞〟の衝撃的なコレクションを次々発表

ガストン・リースが営んでいた時計メーカーに、ルネ・バンヴァルトが参加して、1955年にスイスでコルムを創設。翌年にはバーゼルフェアで、ダイヤルに数字も目盛りもないユニークウォッチ「ノーマーカー・ダイヤル」を発表し、世界の注目を集めた。

世界初の直列配置の縦長ムーブメントを長方形ケースに収めた「ゴールデンブリッジ」(1980年)や、公式スポンサーを務める世界的ヨットレースと同名のシリーズ「アドミラルズカップ」がアイコン的な存在。近年は、よりラグジュアリー指向を強めたハイブランドへと変貌しつつある。

南米スタイルが息づく優雅なデザイン
CUERVO Y SOBRINOS

女性向け

プロミネンテ クラシコ

1015.1

アールデコ様式に触発されたデザイン

アール・デコ様式を取り入れながら、最新のトレンドをまとうデザインが秀逸。現代的な薄型ケース、控えめで落ち着いた外観、エレガントで洗練されたダイヤルが特徴だ。

Comment

2トーン文字盤を彩るストライプ文字盤。ストラップにもストライプの型押し仕様にし、調和が取れています。B

Spec

ケース素材：ステンレススチール
ケース直径・幅：43 mm×32 mm
ケース厚：8.6 mm
パワーリザーブ：42時間
定価：380,000円
自動巻き　中　型

初心者向け

ヒストリアドール デュアルタイム

3194D.1A

1940～1950年代のモデルを再生

1940～1950年代に製造されたアイコニックなオリジナルモデルを再生。一見、クラシカルだが、特徴的なラグのデザインがユニーク。強い個性とともに気取らない気品が漂う。

Spec

ケース素材：ステンレススチール
ケース直径・幅：40 mm　ケース厚：11.25 mm
パワーリザーブ：42時間　定価：580,000円
自動巻き　中　型

Comment

上品な文字盤の上にビッグデイト、下に第2時間帯を表示しています。B

初心者向け

プロミネンテ デュアルタイム デイデイト

1124.1

二つのダイヤルが存在感を放つ

上部にローマ数字、下部にアラビア数字で二つのダイヤルを配置したユニークなデザイン。それぞれ個別のリューズで操作できる。カラーはタバコとクリームの2種が人気。

Comment

二つの自動巻きムーブメントを搭載。文字盤中央部に配置されたデイデイトが、ユニークさを出しています。B

Spec

ケース素材：ステンレススチール
ケース直径・幅：52 mm×30.5 mm
ケース厚：13.1 mm
パワーリザーブ：38時間
定価：530,000円
自動巻き　大　型

カリビアンテイストにあふれた個性的な意匠

カリブ海の光と風を写しとったかのような、明るく優美なデザインで知られる中南米発祥のブランド。作家のヘミングウェイやイギリス首相チャーチルといった面々が同ブランドの時計を愛用していたことでも有名だ。1960年代からはキューバの政治的混乱により休眠状態に陥るも、2001年に復活。ユニークなモデルが世界の時計ファンを魅了した。

キューバのハバナにルーツを持つブランドだけあって、シリーズ名の「プロミネンテ」「ロブスト」等は、シガーの名前に由来。葉巻保管にも使える保湿機能を備えた収納BOXが付属する点も話題になった。

華やかなパリ・モード界の頂点に君臨
DIOR

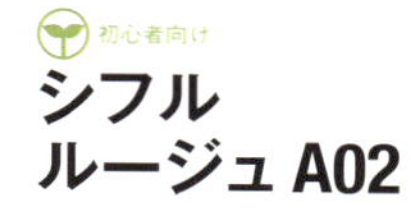

初心者向け

シフル ルージュ A03

CD084510A003

シンプルな中にルージュが輝く

クロノグラフモデルのA02に対しよりシンプル。ルージュはフランス語で赤。ディオールのキーカラーのひとつである赤が、リューズやプッシュボタンなどに配されアクセントに。

Spec

ケース素材：ステンレススチール
ケース直径・幅：36mm
文字盤カラー：ブラック
パワーリザーブ：38時間
定価：436,000円

自動巻き 小 型

Comment

ファッションウォッチと思いきや実力派。ケースはしっかりしていて、リューズを触っても痛くない。細かい使用感まで考慮しています。Ⓔ

初心者向け

シフル ルージュ A02

CD084610M002

アシンメトリーで個性的な“紋章”

ケースは右サイドが張り出し、ベゼルは9〜12時位置にグリップを高める細工を施したアシンメトリーなデザインが個性的。シフル＝紋章の名の通り、まさにディオールの紋章。

Spec

ケース素材：ステンレススチール
ケース直径・幅：38mm
文字盤カラー：ブラック
パワーリザーブ：42時間
定価：794,000円

自動巻き 小 型

Comment

シンプルなケースに赤のさし色が入り、遊び心があります。実はよく考えられていて、価格も手頃で、とても面白い時計です。Ⓔ

「スイスメイド」を彩るフランスのデザイン力

1947年、パリにオートクチュールメゾンを開いて〝ニュールック〟のブームを巻き起こし、モード界の大御所となったクリスチャン・ディオール。1975年から本格的に腕時計の製造をスタートし、好評を得た後、2005年にスイスのラ・ショー・ド・フォンに専門工房を開設。最先端の環境で、毎年、独自の感性を生かしたモデルを送り出している。

メンズではとくに2004年に登場した「シフル ルージュ」シリーズの人気が高い。左右非対称の個性的なケースを共通フォルムとし、クロノグラフやダイバーズなどバリエーションを拡大している。

「時の建築家」が紡ぐ欧州のエスプリ
EBEL

女性向け

Beluga Round Lady

1216069

女性らしさを象徴するコレクション

優雅な曲線を描くケースに沿ってセットされたダイヤモンドと濃厚なクラシックテイストの融合が、タイムレスなエレガントさを体現。スチールケースで実用性も高い。

Comment

曲線とダイヤモンドのコンビネーションが女性らしさを演出します。F

Spec
ケース素材：ステンレススチール
ケース直径・幅：30 mm
ケース厚：7.5 mm
定価：520,000円
クォーツ 小 型

初心者向け

EBEL CLASSIC MINI

1215262

日常を華やかに彩る優雅なピース

直径23.5ミリの愛らしいサイズに、エベルならではのエッセンスを凝縮。マザーオブパールの文字盤とゴールドのベゼルにダイヤモンドをあしらった華やかなバリエーション。

Spec
ケース素材：ステンレススチール
ケース直径・幅：23.5 mm
ケース厚：5 mm
定価：630,000円
クォーツ 小 型

Comment

ブランドのアイコンといえるウェーブブレスレットが特徴のモデルです。F

女性向け

Ebel Wave Gent Quartz Collection

1216238

エベルのアイコニックなコレクション

繊細で精密感溢れるブレスレットと優れた重量バランスによって、抜群の使い心地を誇る。適度なエッジと独特の個性を両立しながらも、シンプルな外装は実に現代的である。

Spec
ケース素材：ステンレススチール
ケース直径・幅：40 mm
ケース厚：10.4 mm
定価：220,000円
クォーツ 中 型

Comment

ブランドのアイコンといえるウェーブブレスレットを現代的にアレンジしたエントリープライスのモデルです。F

卓越したエレガンスを体現する技術力と情熱

1911年、ユージン・ブルムとアリス・レヴィ夫妻によって創業。「EBEL」の名は、創業者二人の頭文字をとって名付けられたもの。

既成概念にとらわれることのないレヴィ夫人の柔軟なアイデアは、1914年のスイス博覧会で金メダルを受賞した「リングウォッチ」に結実。1925年にはパリで開催された装飾芸術博覧会においてグランプリを受賞、その名声を揺るぎないものとした。

1977年初出となる、次世代の装着感とエレガンスを体現した「スポーツクラシック」も、そんなエベルならではの伝統が生んだコレクションといえよう。

力強さと繊細さが同居する優美なデザイン

EDOX

スポーツ

クロノオフショア1 クロノグラフ オートマチック

01114-3-BUIN-L

Comment

モンスターエンジンを搭載のパワーボートレースを体現した人気コレクションです。B

ハイテク素材とクロコダイルの対照

パワーボートにも使われるセラミック、カーボン等のハイテク素材を採用し、高精度、高防水、耐衝撃性といった性能を誇る。クロコダイルストラップでエレガントさもプラス。

Spec

ケース素材：ステンレススチール
ケース直径・幅：45 mm
ケース厚：17 mm
パワーリザーブ：46時間
定価：380,000円
自動巻き　中型　防水

Spec

ケース素材：ステンレススチール
ケース直径・幅：48 mm
ケース厚：16 mm
パワーリザーブ：46時間
定価：450,000円
自動巻き　大型　防水

スポーツ

グランドオーシャン クロノグラフ オートマチック

01121-357RN-GIR-R

ヨットのデザインをディテールに反映

ヨットレースの公式タイムキーパーであるエドックスらしく、文字盤のデザインは羅針盤からインスパイアされている。ヨットのウインチのデザインをベゼルやボタンに反映させた。

Comment

創業125周年となった2009年に発売されました。羅針盤デザインの針が特徴的で、優雅な雰囲気を演出しています。B

スポーツ

クロノオフショア1 プロフェッショナル

80088-3-NIN3

メカが透けて見える“フロントグリル”

パワーボートレースの世界観を表現したクロノオフショア1。車のフロントグリル状のデザインをダイヤルに取り入れ、パワフルでスポーティーな印象を与える。

Spec

ケース素材：ステンレススチール
ケース直径・幅：42.5 mm
ケース厚：12 mm
パワーリザーブ：38時間
定価：205,000円
自動巻き　中型　防水

Comment

エドックスの代名詞でもあるブラックハイテクセラミック製ベゼルが、タフさをよりアピールしてくれます。B

スポーツの公式計時で培った高い技術を活かす

古代ギリシャ語で「時間」を意味する「エドックス」が創業したのは1884年。1950年代には時計技術者500名を擁する大規模なブランドに成長した。時代を先取りする高性能モデルを数多く手がけ、1961年発表の「デルフィン」は独自のダブルOリング搭載の非ねじ込み式リューズで200メートル防水を実現。1970年代には世界初のワールドタイマー「ジオスコープ」も開発している。

近年は、カーリングやダカールラリーの公式計時も担当。その技術力をフィードバックして、幅広いジャンルでコストパフォーマンスに優れた新作開発に力を注ぐ。

宇宙開発の最前線を支援する公式時計を提供

FORTIS

初心者向け

フリーガークラシッククロノグラフ

597.11.11M

高視認性＆実用性で各国空軍が公式に採用

ドイツ、ポルトガル空軍が公式採用する高性能クロノグラフ。ダイヤルを大きく見せる薄いベゼル、グローブ着用時にも使いやすい大型リューズなど、高い視認性と実用性を誇る。

Spec

ケース素材：ステンレススチール
ケース直径・幅：40 mm
ケース厚：15.5 mm
文字盤カラー：ブラック
本体重量：162g
パワーリザーブ：42時間
定価：270,000円

自動巻き　中 型　防 水

Comment

どこか可愛いらしい印象を持ったデザインが特徴です。本格的なパイロットウォッチをさらっと着けたい方におすすめです。Ⓕ

初心者向け

オフィシャル・コスモノートクロノグラフ

638.10.11M

宇宙での使用を想定したISS公式装備品

宇宙飛行士のために開発されたコスモノートクロノグラフ。国際宇宙ステーションの公式装備品であり、あらゆる状況下での使用を想定した精悍なモデルだ。

Spec

ケース素材：ステンレススチール
ケース直径・幅：42 mm
ケース厚：16 mm
文字盤カラー：ブラック
本体重量：218g
パワーリザーブ：42時間
定価：367,200円

自動巻き　中 型　防 水

Comment

デザイン・質感・実用性・コストパフォーマンスと、とてもバランスのとれた1本です。宇宙にも行きました。Ⓕ

初心者向け

オーケストラ

900.20.32

高品質ディテールが織りなすハーモニー

フォルティスの創成期である1930〜1940年代のクラシックウォッチへのオマージュとして製作。昔ながらのエレガントなデザインと21世紀の技術を取り入れた「古くて新しい時計」。

Spec

ケース素材：ステンレススチール
ケース直径・幅：40 mm
ケース厚：10.02 mm
文字盤カラー：ホワイト
本体重量：63g
パワーリザーブ：42時間
定価：237,600円

自動巻き　中 型

Comment

遊びの効いたデザインを質感高く作っています。ステンレススチールの塊から削り出した、ケースと一体型のドロップ形状のラグがたまりません。Ⓕ

世界初の技術を次々と開発する革新ブランド

1926年に発明家のジョン・ハーウッドと共同で、世界初の自動巻きウォッチを量産化。1968年にはプラスチック製ケースの「フリッパー」を発売するなど、革新的なアイデアで躍進。これらの実績が評価され、1994年からはロシアのユリ・ガガーリン宇宙訓練センターの公式時計に認定された。以来、同国から打ち上げられる宇宙飛行士の装備品になり、ISS（国際宇宙ステーション）で実際に着用されるなど、スペースウォッチの代表ブランドとなった。近年は若き新CEOのもと、1930〜40年代調のシンプル時計やアートウォッチも好評を博している。

“テンプの鼓動”を装着したまま楽しめる

FREDERIQUE CONSTANT

初心者向け

クラシック ハートビート デイト ラウンド

315MS3P6

クラシカルで正統派な“ハートビート”

ブランドの象徴でもある“ハートビート”モデル。大きなローマ数字のインデックスとスケルトンのデイト表示が正統派の印象を与え、いつの時代にも愛用できる一生ものだ。

Comment

ダイアルの一部に小窓を開けてムーブメントを見せるスタイルの元祖は、フレデリック・コンスタント。オリジナルのスケルトンデイト機構を搭載し、知性と遊び心が感じられます。初めての機械式時計をご検討の方におすすめのモデルです。Ⓒ

Spec

ケース素材：ステンレススチール
ケース直径・幅：38 mm
ケース厚：9 mm
文字盤カラー：シルバー
パワーリザーブ：42時間
定価：195,000円

自動巻き 小 型

初心者向け

スリムライン ムーンフェイズ マニュファクチュール

705N4S6

夜空の月のように常に変わらぬ美しさ

人類が初めて見たときから変わらない月のように、流行に左右されないエレガントで美しいデザイン。ケース、ダイヤル、インデックスなど、あらゆるディテールが上品さをまとう。

Spec

ケース素材：ステンレススチール
ケース直径・幅：42 mm
ケース厚：11.3 mm
文字盤カラー：ネイビー
パワーリザーブ：42時間
定価：390,000円

自動巻き 中 型

Comment

ひとつのリューズ操作ですべての機能調整ができる自社ムーブメント「FC-705」を搭載。薄型ケースはクラシックでスマートな着こなしができ、6時位置のムーンフェイズが月の満ち欠けをロマンチックに表現。年を重ねるごとに魅力的にご使用いただける1本です。Ⓒ

初心者向け

クラシック カレ ハートビート&デイト オートマチック

315DNS4C26

ベストセラーのダークネイビー

同コレクションの定番カラー“ダークネイビー”。ダイヤルの小窓“ハートビート”には、美しく見せることにこだわり考案されたスケルトンカレンダーディスクを搭載。

Spec

ケース素材：ステンレススチール
ケース直径・幅：47 mm × 30.7 mm
ケース厚：10 mm　**文字盤カラー**：ダークネイビー
パワーリザーブ：38時間　**定価**：210,000円

自動巻き 大 型

Comment

レクタンギュラーのケースにムーブメントの心臓部が見えるハートビートを採用。知的でエレガント、そして直線を基調とした機能的なデザインで高級感と気品が漂う1本。スーツとの相性も非常に良く、お仕事でのご使用にぴったりです。Ⓒ

独自性を保つために自社キャリバーも開発

〝一部の愛好家だけでなく、より多くの人に本格時計を適正価格で楽しんでほしい〟。そんな創業者の思いは1994年発表の「ハートビート」で実現した。文字盤の小窓からテンプの動きを見せることで、機械式時計の魅力を存分にアピール。現在の時計界ではメジャーになったデザインで、そのルーツになっている。2004年に完全自社製手巻きキャリバーを開発すると、2005年にはジュネーブ郊外にマニュファクチュール工場を設立。複雑時計や自動巻きキャリバー、2007年にはシリコン製ガンギ車を開発するなど、わずか四半世紀で急成長している。

ドイツ時計界の歴史を担う実力派ブランド
GLASHÜTTE ORIGINAL

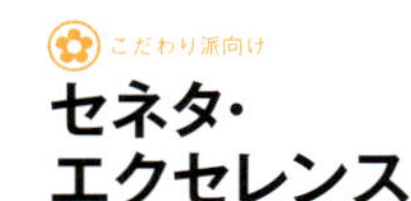

こだわり派向け

セネタ・エクセレンス
W136-01-01-02-01

職人の挑戦で実現した最高の精度と安定性

ブランドテーマのひとつである安定性を追求し、高精度自社製新キャリバーを搭載し、ひとつ香箱で100時間の作動時間を可能にした。最高水準のバランスのモデルだ。

Spec
- **ケース素材**：ステンレススチール
- **ケース直径・幅**：40㎜
- **ケース厚**：10㎜
- **パワーリザーブ**：100時間
- **定価**：1,020,000円

自動巻き　中型

Comment

シンプルさを追求したクラシカルなデザイン。尾錠がついたブラックアリゲーターに美しい仕上げが施された自社製文字盤も魅力的です。Ⓕ

こだわり派向け

パノマティックルナ
W190-02-46-32-50

オフセンター配置が独創的な人気モデル

黄金比率を元に配置したオフセンターデザインが独創的な「パノ」コレクションの新作。パノラマデイトなどの表示はドイツ語であり、ドイツ時計の発祥地を想起させる。

Spec
- **ケース素材**：ステンレススチール
- **ケース直径・幅**：40㎜
- **ケース厚**：12.7㎜
- **パワーリザーブ**：42時間
- **定価**：1,080,000円

自動巻き　中型

Comment

オフセンターダイアルが特徴的な大ヒットのフラッグシップ・モデルです。ルナと称される月齢表示の形や配置がとても魅力的で、この文字盤を眺めているだけでロマンを感じずにはいられません。Ⓒ

こだわり派向け

パノインバース
W166-06-04-22-50

華麗に動く心臓部を存分に眺められる

内側の美であるムーブメントの一部を表に配したデザインの先駆け。独自の構造により、通常はケースバック越しに見える要素が反転（＝インバース）し、表に現れている。

Spec
- **ケース素材**：ステンレススチール
- **ケース直径・幅**：42㎜　**ケース厚**：12㎜
- **パワーリザーブ**：41時間　**定価**：1,200,000円

自動巻き　中型

Comment

文字盤上にドイツ時計の装飾技術のすべてが詰まっているモデルです。緩急針の受け板に手作業のエングレービングが入ります。文字盤デザインがとても機械的なので、注目されること間違いなしのモデルです。Ⓒ

伝統を受け継ぐ複雑機構に最新の技術をプラス

1845年にフェルディナンド・アドルフ・ランゲがザクセン州のグラスヒュッテに時計工房を開いたのがルーツ。第2次世界大戦後、グラスヒュッテの時計工房は全て旧東ドイツ国営企業（GUB）に統合されたが、東西ドイツ統合後の民営化に伴い、母体を引き継ぐ形で1994年に再スタートを果たした。

その一年後には、トゥールビヨン機能と永久カレンダーを搭載した「ユリウス・アスマン」を発表。現在も定番の「セネタ」（1997年）や「パノ」（2000年）など、伝統技法を用いたハイエンドなコレクションを展開している。

伝統のスイス・パイロットウォッチ GLYCINE

こだわり派向け

AIRMAN N°1 Original

3944.19.66.LB99U

創業100年記念モデルのバリエーション

1953年のオリジナルに忠実な36ミリ径ケース、ヘサライト風防を採用した復刻モデル。24時間表示には多少慣れがいるが、一日を視覚的に捉えることができる。

Comment

ライト兄弟が大空を舞う夢を描き初飛行を成功させて50年後、パイロット達の声を反映して開発された本モデルは、浪漫に溢れています。F

Spec
ケース素材：ステンレススチール
ケース直径・幅：36mm
ケース厚：10.8mm
パワーリザーブ：38時間
定価：270,000円
自動巻き 小型 防水

こだわり派向け

AIRMAN Double Twelve

3938.18.LB8B

12時間表示のエアマン、2タイムゾーン表示

現代的な40ミリ径に改められたエアマン。12時間表示なので、時計初心者でも安心。太い夜光針で視認性も良い。文字盤のブルーグラデーションがモダンな印象を与える。

Spec
ケース素材：ステンレススチール
ケース直径・幅：40mm
パワーリザーブ：38時間
定価：200,000円
自動巻き 小型 防水

Comment

一日が午前と午後のそれぞれ12時間であること、そして時差の異なる国があることを腕時計が教えてくれる、そんな素敵なモデルです。F

初心者向け

COMBAT 7 VINTAGE

3943.19AT.TB2

実用性に特化したミリタリーテイスト

初代エアマンが活躍した時代の軍用時計のデザインを取り入れ、実用本位で仕上げたモデル。現代的な41ミリ径のケースにこだわりのヘサライト風防採用。

Spec
ケース素材：ステンレススチール
ケース直径・幅：41mm ケース厚：10mm
パワーリザーブ：38時間 定価：100,000円
自動巻き 中型 防水

Comment

移り変わりの激しい現代において、100年以上の歴史を持つメーカーが作る汎用性が高くて視認性の高いモデルは非常に価値があります。F

創業100年を迎えたビエンヌの老舗メゾン

1914年、ユージン・メイランによりスイスのビエンヌに創業。

創業当初から独自開発の高精度小型手巻きムーブメントで注目を集め、1931年には独自の自動巻きムーブメント発表、1934年には高精度ムーブメントの量産化成功、1952年には画期的なタフネスを実現したバキューム・クロノメーター発表等、古くからその高い技術力で革新を繰り返して来た。

その中でも、1953年初出の「エアマン」は、その高い機能性で航空時計のパイオニアとなった。大きなケースが人気を集める現代においても、グライシンのアイコニックピースとして世界中で愛されている。

“クロノグラフの父”の名を冠した個性派
GRAHAM

Comment

カーボンナノチューブ素材を採用。アルミニウムの約1/2の軽さ、ダイヤモンドの2倍の硬度を誇り、総重量100グラムを切る軽量化を実現。Ⓔ

スポーツ

クロノファイター スーパーライト カーボン

2CCBK.B21A.K97K

自動巻き 大型

話題の新素材で驚異のタフ＆軽量化

21世紀の新素材「カーボンナノチューブ」をケースに採用した自動巻きクロノグラフ。超軽量でありながら、硬度、耐熱性、弾性はいずれもハイレベル。黒が基調の配色で、ブラックカーボンの文字盤などには格子調の模様が。

Spec
ケース素材：スーパーライトブラックカーボンナノチューブ ベゼルカーボン製トリガー　**ケース直径・幅**：47 mm
パワーリザーブ：48時間　**定価**：1,200,000円

スポーツ

シルバーストーン RS レーシング

2STEA.B15A.A26F

モータースポーツを愛する人の左腕に

イギリスの名門サーキットの名を冠する自動巻きクロノグラフ。ダイヤルの意匠や表記がレーシングカーの計器を彷彿とさせる。

Spec
ケース素材：ステンレススチール
ケース直径・幅：46 mm
パワーリザーブ：48時間
定価：630,000円

自動巻き 大型

Comment

モータースポーツにインスパイアされたコレクション。視認性の高いスポーティなデザインをシリーズ初のステンレス製ブレスレットでアップデート。Ⓔ

こだわり派向け

クロノファイター ヴィンテージ

2CVAS.B01A.L126S

パイロットを支えた伝統のクロノグラフ

イギリス空軍の軍人に親しまれたクロノグラフに着想を得たデザイン。手袋をしたまま操作できるレバーつきダイヤルはブランドの代名詞だ。レザーストラップがヴィンテージ感を醸す。

Spec
ケース素材：ステンレススチール
ケース直径・幅：44 mm
パワーリザーブ：48時間
定価：650,000円

自動巻き 中型

Comment

生産終了後も人気の「クロノファイター RAC シリーズ」の復活版。親指で操作するトリガー形状の大型プッシュボタンが特長。Ⓔ

英国の感性を宿す強烈な個性をもつブランド

ブランド名はクロノグラフの原型を作り上げたとされる時計師ジョージ・グラハムに由来。当時の時計大国だったイギリスへのオマージュをコンセプトに1995年に創業した。コレクションもクロノグラフが中心で、プッシュボタンに装着される巨大レバーが存在感抜群の「クロノファイター」、モーターレーシングにインスパイアされた「シルバーストーン」など、個性的なモデルを多く輩出する。

一方、トゥールビヨンなどの複雑機構を搭載する「ジオ・グラハム」コレクションも展開。英国的なセンスと技術力の高さは、有名ブランドにも引けを取らない。

世界に名だたるラグジュアリーブランド
GUCCI

G-タイムレス オートマティック

YA126470

注目すべきは インデックスのモチーフ

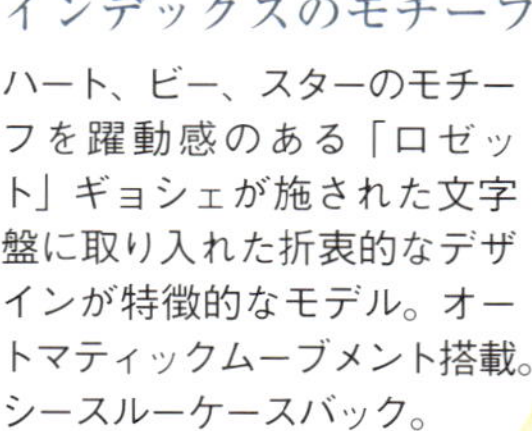

ハート、ビー、スターのモチーフを躍動感のある「ロゼット」ギョシェが施された文字盤に取り入れた折衷的なデザインが特徴的なモデル。オートマティックムーブメント搭載。シースルーケースバック。

Spec

ケース素材：ポリッシュ仕上げライトイエローゴールドPVD
ケース直径・幅：38mm
文字盤カラー：シルバー
定価：232,200円

自動巻き　小型

Comment

グッチの時計は、バリエーションがとにかく多いので、選択の幅が広いのが特徴。これはインデックスに、★や♥などをセンスよくあしらっているところがさすがファッションブランドです。Ⓖ

初心者向け

GG2570

YA142304

個性的でスポーティー 多彩な魅力を放つ

わずかに丸み帯びたスクエアシェイプのケースが、印象的。ナイロンストラップのほか、ステンレススチール ブレスレットなどバラエティに富んだラインナップがある。

Spec

ケース素材：ステンレススチール
ケース直径・幅：41mm
文字盤カラー：ダークブルー
定価：125,280円

クォーツ　中型　防水

Comment

GG2570コレクションには、スマートなポリッシュ仕上げのクラシックなデザインのケースや、37ミリ、29ミリのウィメンズモデルも展開される幅広いスタイルがあります。Ⓕ

グッチらしい妥協なき品質 優れたデザインが光る

1921年にイタリアのフィレンツェに開いた高級皮革ショップに始まり、ファッションブランドへと成長したグッチは、1970年代に時計分野に進出。イタリアのデザインとスイスメイドのクオリティを融合させながら成長を遂げていく。

デザインの特徴はグッチのアイコニックなモチーフをダイヤルやケース、ストラップ、クラスプなど至るところにあしらっていること。同社のアイコニックなホースビットや、GGパターンなどを効果的にあしらったモデルを中心に、現在はスポーティーなまでラインナップの幅を広げている。

米国鉄道時計で培った技術力によって発展
HAMILTON

初心者向け

ベンチュラ
H24411732

エルヴィスも愛したモダンなデザイン

初代は世界初の電池式腕時計として1957年に発売。また、そのモダンなデザインでセンセーションを巻き起こし、エルヴィス・プレスリーをはじめ多くの著名人に愛されてきた。

Comment

まずこれは見た目がかっこいい。ハミルトンの時計は総じて、価格に対して中身がいいので、何を選んでも基本的には損はないです。Ⓔ

Spec ➤
ケース素材：ステンレススチール
ケース直径・幅：32.3 mm
定価：91,000円
クォーツ 小型

初心者向け

ジャズマスター オートクロノ
H32596181

日本でも人気の世界的ベストセラー

ハミルトンの世界的ベストセラー。洗練されたクラス感とスポーティーな魅力を併せ持ち、都会的なドレスウォッチの定番として人気だ。ダイヤルカラーはシックなグレー。

Spec ◀
ケース素材：ステンレススチール
ケース直径・幅：42 mm
パワーリザーブ：約60時間
定価：185,000円
自動巻き 中型 防水

Comment

パワーリザーブが60時間に伸びて精度が上がり、外装のつくりも非常にいいです。この価格でこの中身が得られるのは非常にお買い得です。Ⓔ

初心者向け

カーキ フィールド オート
H70595963

ミリタリーの面影と実用性が調和する

1940年代の米国陸軍が使用したハックウォッチがモチーフ。特徴的なグリーンのダイヤルには高い視認性の24時間インデックス。ミリタリーウォッチの面影と実用性が調和する。

Spec ▲
ケース素材：ステンレススチール
ケース直径・幅：40 mm
パワーリザーブ：約80時間
定価：78,000円
自動巻き 中型 防水

Comment

永遠の定番カーキ。機械式時計入門編としても使えますし、目の肥えた人が普段使いするのにもいい時計だと思います。Ⓔ

アメリカンスピリットをスイスメイドで製品化

1892年に米国で創業したハミルトンは当初から鉄道時計を手がけ、精度の耐久性の向上に尽力。公式鉄道時計の栄誉を受けている。第2次大戦時には潜水時計を開発したほか、数多くの軍用時計を米陸軍に供給。これらが現在まで続く「カーキ」のルーツとなった。

一方、世界初の電池式時計「ベンチュラ」（1957年）や、世界初のLED式デジタル時計「パルサー」（1970年）など、最先端技術を応用した斬新なモデル開発でもその名を轟かせた。

生産拠点をスイスに移した今も、アメリカンスピリットあふれる個性派モデルを作り続けている。

世界的ジュエラーの威厳を時計界でも発揮
HARRY WINSTON

こだわり派向け

HW アヴェニュー・デュアルタイム オートマティック
AVEATZ37RR001

幾何学的デザインが独自の存在感を放つ
レトログラードによるローカルタイム表示が独創的。アカデミックなデザインとは一線を画す斬新な美を生み出してきたハリー・ウィンストンの時計に対するエスプリが具現化している。

Comment
ダイヤルを左右ふたつのゾーンに分け、全く違う表示の方法でふたつのエリアの時間帯を表すデュアルタイム機構がユニークなモデルです。A

Spec
ケース素材：セドナゴールド
ケース直径・幅：53.8 mm×35.8 mm
ケース厚：10.7 mm
パワーリザーブ：72時間
定価：4,400,000円
自動巻き 大型

こだわり派向け

HW ミッドナイト デイト ムーンフェイズ オートマティック 42mm
MIDAMP42WW003

互いに重なり合う優美な三つのサークル
オフセンターダイヤルを完璧なバランスでレイアウト。日付カレンダーと重なるムーンフェイズから、ゆっくりとした軌道で進む気品あふれる月を堪能できる。

Spec
ケース素材：18Kホワイトゴールド
ケース直径・幅：42 mm
ケース厚：10.2 mm
パワーリザーブ：68時間
定価：3,250,000円
自動巻き 中型

Comment
オフセンターはハリー・ウィンストンが得意とするデザインのひとつ。完璧なバランスでレイアウトされた三つのサークルに、ブランドの美意識が息づいています。F

こだわり派向け スポーツ

HW オーシャン スポーツ・クロノグラフ
OCSACH44ZZ001

精緻な世界に誘う独創的なダイヤル
独創的な3Dダイヤルや、立体的かつメカニカルなビジュアルが強い印象を放つ。独自の特殊合金ケースは低アレルギー性で、高い硬度と耐食性を備えるとともに快適な装着感を生む。

Spec
ケース素材：ザリウム
ケース直径・幅：44 mm　ケース厚：14.8 mm
パワーリザーブ：42時間　定価：3,150,000円
自動巻き 中型 防水

Comment
20気圧防水のスポーティなクロノグラフ。ケースにはハリー・ウィンストンが独自に考案した特殊合金のザリウム（チタンよりも軽くて硬く、また低アレルギー）が使われています。A

オーパスをはじめ、真の豪華さと希少価値を追求

“キング・オブ・ダイヤモンド”と称される名門ブランドは、1989年に腕時計に本格参入を果たし、以来ハイジュエリーウォッチや複雑時計など数々のモデルを世に送り出してきた。2001年より発表される「オーパス」シリーズは、名高い時計師とのコラボレーションによる独創的な作品として世界に認知されている。

革新的なウォッチメイキングも得意としており、宇宙航空工学の分野で使用されるザリウムをケースに用いたスポーティなモデルもラインナップ。素材の希少さに加え、伝統と美意識を反映した唯一無二のデザイン性が話題を集めている。

手作業が生み出す "Very Rare"

H.MOSER & CIE.

こだわり派向け

スイス アルプ ウォッチS

5324-0201

H.モーザーによる伝統的ソリューション

時計業界に論争を巻き起こしたスマートウォッチ。その象徴的なデザインを極めて高品質で伝統的な機械式時計にフィードバック。機械式時計の本質を問う、ユーモアあふれる話題作である。

Comment

Apple Watchの見た目を皮肉った時計ですけど、ムーブメントは自社製で、グラデーションがついた文字盤も第一級の仕上げです。Ⓔ

Spec

ケース素材：ホワイトゴールド
ケース直径・幅：44 mm×38.24 mm
ケース厚：10.3 mm
文字盤カラー：ブルー
パワーリザーブ：約96時間
定価：3,000,000円

手巻き　中型

こだわり派向け

エンデバー・スモールセコンド ブライアン フェリー

1321-0116

ブライアン・フェリーとのコラボレーション

熱心なH.モーザーのファン、英国ロックスターのブライアン・フェリーとの共同デザイン。古典的な意匠を満載するスペシャルピースはわずか100本の限定品だ。

Spec

ケース素材：ローズゴールド
ケース直径・幅：38.8 mm　ケース厚：9.3 mm
文字盤カラー：ホワイトラッカー
パワーリザーブ：72時間　定価：2,100,000円

手巻き　小型

Comment

モーザーのアーカイブに存在するポケットウォッチからインスピレーションを得たデザイン。6時位置には"Bryan Ferry"の名が慎ましく配されています。Ⓔ

こだわり派向け

ベンチャー・ビッグデイト レッドゴールド フュメ ダイアル

2100-0401

古典的意匠と高い機能性を併せ持つ

ドーム型の風防や文字盤、優雅な曲線を描くラグが織りなす古典的意匠を特徴とするベンチャーに、視認性に優れ、早送り禁止時間帯を持たない独自のビッグデイト機能を追加。

Spec

ケース素材：レッドゴールド　ケース直径・幅：41.5 mm
ケース厚：14.5 mm　パワーリザーブ：168時間
定価：3,280,000円

手巻き　中型

Comment

これは他のメーカーでは真似できないグラデーションダイアル。日付表示が大きく視認性高い。上品な時計だけど、普段使いをを念頭に置いた時計です。Ⓔ

現代に遺された シャフハウゼンのスピリット

創設者は、ヨハン・ハインリッヒ・モーザー。1805年、スイスのシャフハウゼンに生まれた。1828年に設立した時計会社で大成功を収めた彼は、1848年に故郷に戻り、鉄道、ダム、発電所建設に至るまで、優れた手腕によって産業発展の礎を築き、後にIWCがその地で創業する一因になった。

そんな伝説的な人物が遺したブランドが復興を遂げたのが2005年。2013年のMELBホールディングスへの参画以降、ブランドカラーをより明瞭なものとし、年産僅か1000本のハイエンドメゾンとしてその地位を確立している。

卓越した彫金＆エナメル技術で芸術的作品を発表

JAQUET DROZ

こだわり派向け

グラン・セコンド カンティエーム アイボリーエナメル

J007033200

安定感抜群のシリコン製ゼンマイ

シリコン製ヒゲゼンマイの導入により、磁場の影響を受けず、安定して時を刻む。ダイヤルには2段に焼き分けるエナメルが施され、ふたつのインダイヤルが奥行きのある「8」を描く。

Comment

ジャケ・ドローの定番メインモデルといえばこちらです。エナメル文字盤にローマ数字とアラビア数字がクロスし、無限大をイメージさせるふたつのリングが、とても魅力的です。Ⓒ

Spec ➤
ケース素材：18Kレッドゴールド
ケース直径・幅：43 mm
ケース厚：12.21 mm
パワーリザーブ：68時間
定価：2,170,000円
自動巻き 中 型

こだわり派向け

グラン・ウール ミニット カンティエーム コート・ド・ジュネーブ

J017530241

ジャケ・ドローの美学コードを継承

赤い先端の秒表示、ロジウム加工のインデックス、サンレイ装飾のリューズなど、各所にブランドの美学コードを継承。シースルーのケースバック越しにムーブメントをのぞける。

Spec
ケース素材：ステンレススチール
ケース直径・幅：43 mm
ケース厚：10.85 mm
パワーリザーブ：68時間
定価：1,000,000円
自動巻き 中 型

Comment

ジャケ・ドローの中で、バーインデックスのスッキリとした表情のモデルとなります。文字盤に縦ストライプの装飾が入り洗練された印象で、スーツスタイルの手元をキリッと引き締めたい方にもおすすめのモデルです。Ⓒ

こだわり派向け

グラン・セコンド SW スチール

J029030245

グラン・セコンドのスポーティーモデル

「8」を描くふたつのサークルで、グラン・セコンドをスポーティーかつスタイリッシュに解釈したモデル。高貴な輝きを放つアリゲーターストラップがラグジュアリーな印象。

Spec
ケース素材：ステンレススチール
ケース直径・幅：45 mm
ケース厚：11.9 mm　パワーリザーブ：68時間
定価：1,600,000円
自動巻き 中 型

Comment

ジャケ・ドローの伝統性に現代的なスポーティー感を加えたモデルです。定番のグラン・セコンドに大胆なコインエッジベゼル、そしてアリゲーターストラップを装備することで、エレガント＆スポーティーの融合がポイントになっています。Ⓒ

18世紀の天才時計師の哲学を現代に受け継ぐ

洗練された意匠と、オートマタ（機械式からくり人形）や複雑機構のエキスパートとして知られる〝孤高の天才時計師〟、ジャケ・ドローが1738年に創業。各国の王侯貴族に愛され、現在では博物館級となっている名作も数多い。

19世紀から長い休眠状態を経て復活したのは20世紀末。スウォッチ グループによる資本力をもとに、2000年から本格的に新作を発表し始める。エナメルや細密画、彫金を駆使した文字盤など、中世ヨーロッパを彷彿とさせる優雅な作風を得意とし、定番「グラン・セコンド」をはじめ、工芸品レベルの新作を毎年生み出している。

スイス時計産業を興した賢人に敬意を捧げる
JEANRICHARD

初心者向け

テラスコープ GMT

60520-11-101-FBBA

テラスコープのGMT搭載モデル

このページの3モデルに共通するのは、インナーリングと一体化し文字盤からは浮いている「サスペンディッドインデックス」。本機にはふたつのタイムゾーンの時刻を読み取れるGMT機能が搭載。

Comment

文字盤が浮き上がって見えるサスペンディッドインデックスによる、視覚的立体感が面白い。GMT針は少し短いが、その分見間違うことなく視認性が高いです。G

Spec ➤
ケース素材：ステンレススチール
ケース直径・幅：44 mm
ケース厚：12.6 mm
パワーリザーブ：42時間
定価：290,000円
自動巻き　中型
防水

初心者向け

テラスコープ 39mm

60510-11-B01-QBAA

ランダム仕上げの美しきダイヤル

ブロンズカラーに輝くダイヤルには美しい仕上げがランダムに入り、同色のオーストリッチストラップが高級感を演出。価格帯を20万円台に抑えているのも嬉しい。

Spec ◀
ケース素材：ステンレススチール
ケース直径・幅：39 mm
ケース厚：10.3 mm
パワーリザーブ：38時間
定価：210,000円
自動巻き　小型　防水

Comment

オリジナルモデルの44ミリと比べ、5ミリほど小さいサイズですが、その分、男女問わず、腕の細い人には使いやすくなっています。文字盤とベルトの統一されたトーンもいいです。G

初心者向け

アクアスコープ

60400-11D705-FB4A

一見アリゲーターの"ラバーゲーター"

ストラップは独自開発のラバー素材にアリゲーターの風合いをもつ、ラバーゲーターを使用。ディティールにもこだわっている。優れた防水性と耐久性を備えている。

Spec ▲
ケース素材：ステンレススチール
ケース直径・幅：44 mm　ケース厚：13.15 mm
パワーリザーブ：38時間　定価：273,000円
自動巻き　中型　防水

Comment

この仕上げでこの価格は、コストパフォーマンス抜群です。別バージョンで、北斎「冨嶽三十六景『神奈川沖浪裏』」の波が文字盤に描かれた日本限定モデルもあります。G

ケースを共通化して低コスト&高品質を実現

17世紀、スイス時計産業の聖地であるジュウ渓谷に工房を設立し、時計界に分業生産システムを導入した伝説の時計師ダニエル・ジャンリシャールの名を継承する本格スイス機械式ブランド。

当初からシンプルかつ洗練された時計を発表し、2004年に初の自社製キャリバーJR1000を開発。2013年にはケースを共通化するという「多重構造コンセプト」を掲げ、全シリーズを一新。コストを削減しながらも、ハイクオリティな仕上げを維持して魅力的なラインナップを展開することに成功した。今後の動向が注目されるブランドのひとつだ。

“機能美”を追求するドイツ時計の老舗
JUNGHANS

初心者向け

マイスター クロノスコープ
027 4528 45

ユンハンスの代表的本格派機械式モデル

ユンハンスを代表するクロノグラフモデル。一切の無駄を排したシンプルデザインながら、立体感のあるインダイアル仕上げは力強い印象を与えている。

Comment

風防はプレキシガラス製にすることにより、ドーム型の風防をより強調。文字盤自体もカーブが大きく、ヴィンテージ感が強いです。Ⓑ

Spec
ケース素材：ステンレススチール
ケース直径・幅：40.7 mm
ケース厚：13.9 mm
パワーリザーブ：46時間
定価：283,000円
自動巻き 中型

初心者向け

マックス・ビル バイ ユンハンス オートマティック
027 3401 00

控えめでクラシカルな巨匠のデザインが復刻

古典的なフェイスであるプレキシグラス風防には、コーティング技術が結集されている。ケースバックには巨匠、マックス・ビルのサインが刻印。

Spec
ケース素材：ステンレススチール
ケース直径・幅：38 mm
ケース厚：10 mm
パワーリザーブ：38時間
定価：140,000円
自動巻き 小型

Comment

最も人気があるシンプルモデル。世界中で人気急騰中です。Ⓑ

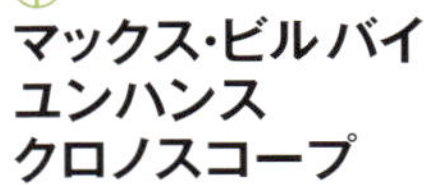

初心者向け

マックス・ビル バイ ユンハンス クロノスコープ
027 4003 44M

今も愛される名品のクロノグラフモデル

バウハウス出身のデザイナー、マックス・ビルが1960年代に手がけた名品に、クロノグラフ機能と日付表示を加えた。縦に並ぶふたつのインダイヤルが絶妙のバランスで配される。

Spec
ケース素材：ステンレススチール
ケース直径・幅：40 mm　ケース厚：14.2 mm
パワーリザーブ：42時間　定価：282,000円
自動巻き 中型

Comment

クロノグラフ、デイトを追加していますが、まったく邪魔にならず、シンプルなデザインは損なわれていません。Ⓑ

ドイツ・バウハウスの信念を腕時計で表現

創業時は時計パーツの製造に特化していたが、1866年からオリジナルウォッチを開発。20世紀に入る頃には、従業員3000人以上、年間生産300万本を超える世界的なブランドへと成長した。

エレクトロニクス分野にも強く、1972年にはミュンヘン五輪の公式計時を担当。1985年には世界初の電波クロックを開発するなど、目覚ましい発展を遂げる。

近年の人気作に、〝バウハウス最後の巨匠〟といわれるマックス・ビルが1957年にデザインして同社が製作した、ウォールクロックを題材にした「マックス・ビル バイ ユンハンス」シリーズがある。

※バウハウスは、1919年に設立された、美術と建築を学ぶ総合美術学校のこと。現代美術に大きな影響を与えた。

高精度＆高機能時計で数多くの冒険を支援

LONGINES

初心者向け

ロンジン マスターコレクション

L2.673.4.78.3

特殊機能に富む フラッグシップ機種

3針の伝統的スタイルに、クロノグラフ、カレンダー表示、ムーンフェイズなど特殊機能に富み、現代人の多様な要求をすべて満たす。

Comment

クロノグラフにムーンフェイズ、カレンダーと、機能面も充実。アラビア数字のインデックスとブルースチール針が特別な存在感を放ちます。D

Spec
ケース素材：ステンレススチール
ケース直径・幅：40 mm
文字盤カラー：ホワイト
パワーリザーブ：48時間
定価：381,000円
自動巻き 中 型

初心者向け 女性向け

ロンジン ドルチェヴィータ

L5.255.0.71.6

「甘美な人生」を手元で表現

柔和な曲線を描く独特のラインが、ロンジンのエレガントさを体現。サイドのダイヤとローマ数字が華やかに手元を彩り、着ける者の人生をさらに輝かせる。

Spec
ケース素材：ステンレススチール
ケースサイズ：32 mm×20.5 mm
文字盤カラー：シルバーフリンク
定価：368,000円
クォーツ 小 型

Comment

新たに加わったレディースモデルは今までよりひとまわり大きく、程よいサイズ感でおすすめです。D

初心者向け

ロンジン ヘリテージ ミリタリー COSD

L2.832.4.73.5

伝説のミリタリーウォッチを復刻

第二次大戦中に、イギリス空挺兵のために作られた時計からインスパイアされた復刻モデル。ブロードアローが施されたデザイン面だけでなく、軽量かつ丈夫で実用的。

Spec
ケース素材：ステンレススチール
ケース直径・幅：40 mm
文字盤カラー：シルバーオパーリン
定価：203,000円
自動巻き 中 型

Comment

若い男性にもファンが多いこのシリーズ。カーキ色のNATOストラップが印象的で、ひとつ持っているとファッションの幅が広がります。D

確かな技術力と洗練の意匠で21世紀に飛躍

一貫生産工場をサンティミエに建設し、社名をロンジンに改称した1867年以来、万博で10個のグランプリと28個の金メダルを獲得。1878年に秒針付きクロノグラフを開発し、1896年には第1回アテネ五輪で公式計時を担当した。また、1899年のアブルツィ公爵北極探検、1927年にリンドバーグ大西洋単独横断無着陸飛行、1929年のツェッペリン飛行船世界一周など、多くの冒険も支えたことでも知られる。

近年ではスポーティなダイバーズウォッチや、伝統のデザインを継承したモデルなど、重厚なコレクションが高く評価されている。

高品質でありながら手の届く価格
LOUIS ERARD

初心者向け

1931クロノデイトコレクション

LE71245AA01BDC21

機械式クロノグラフの黄金時代の意匠を再現

セコンドトラックと2種類のスケールが折り重なり、アールデコの香り立つダイヤルは大変魅力的。デイトつき自動巻ムーブメント搭載で、日常使いに向くスペックも嬉しい限り。

Comment

「手頃な価格でスイス製機械時計を楽しんでもらう」のブランドコンセプトを継承しているモデル。シースルーのケースバックからはムーブメントが見られます。F

Spec ➤
ケース素材：ステンレススチール
ケース直径・幅：42.5 mm
パワーリザーブ：約42時間
定価：330,000円
自動巻き 中型

初心者向け

1931ヴィンテージコレクションクロノグラフ

LE78225AA25BDC37

近年のトレンドを押さえつつも上質な魅力

端正なアラビア数字インデックスやレイルウエイ等の古典的意匠と、見返し部のセコンドトラックや深いブルーのカラーリングが見せるモダニズムの融合が高い質感を醸し出す。

Spec ➤
ケース素材：ステンレススチール
ケース直径・幅：42.5 mm
パワーリザーブ：約42時間
定価：330,000円
自動巻き 中型

Comment

限定発売だった1931コレクションが好評につき一般発売となりました。新色＆新デザインとストラップの組み合わせにはトレンドも取り入れています。F

初心者向け 女性向け

エクセレンスクロノグラフ

LE84234AA01BAV03

「卓越」という名の小振りなクロノグラフ

直径36ミリながら小型ムーブメントの恩恵によって、文字盤外周にデザイン的な余裕が生まれており、窮屈さは感じられない。クラシックデザインがより映えるサイズである。

Spec ➤
ケース素材：ステンレススチール
ケース直径・幅：36 mm
パワーリザーブ：約42時間
定価：340,000円
自動巻き 小型

Comment

小ぶりなケース径のクラシカルな仕上がりは、女性の方にもおすすめできるクロノグラフです。F

卓越した高品質のベーシックウォッチを目指す

1929年、スイスのラ・ショー・ド・フォンに創業。1931年に自社のブランドを冠する時計の製造を開始、並行して外注のアセンブルも請け負いながらエラール家の親族経営を維持するも、1992年からの休眠期間を経て2003年には現CEOのアラン・スピネディ氏を中心とする投資家グループに経営を引き継がれた。

現代のルイ・エラールは、より多くの人々に機械式時計の魅力を伝えることを使命として、日々品質の向上に努める姿勢は世界中で高い評価を呼び、2014年には年産20万本を超えるビッグメゾンの仲間入りを果たしている。

旅をテーマにしたラグジュアリーな独自路線
LOUIS VUITTON

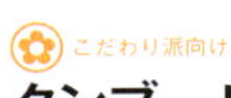

こだわり派向け

エスカル オトマティック タイムゾーン

Q5D200

遊び心あふれる独自のGMT機能

ルイ・ヴィトンの顧客がトランクをパーソナライズする際に好んだ鮮やかな幾何学モチーフを採用。24タイムゾーンの時間を読み取れるGMTを搭載した旅人のためのタイムピース。

Comment

有名なワールドタイマーの廉価版ですが、質は全然落としていません。標準的なGMTの機能ですが、文字盤の作りは唯一無二の存在です。Ⓔ

Spec

ケース素材：ステンレススチール
ケース直径・幅：39 mm
ケース厚：8.4 mm
パワーリザーブ：42時間
定価：885,000円

自動巻き　小型　防水

こだわり派向け

ヴォヤジャー オトマティック GMT

Q7D311

トラベラーの伴侶としてのルイ・ヴィトンウォッチ

ブランドを象徴する「V」の文字をデザインに組み込み、ダイヤルを分け、セカンド・タイムゾーンをも示す針とした。世界を駆け巡る男性向けた都会的でモダンなモデルだ。

Spec

ケース素材：ステンレススチール
ケース直径・幅：41.5 mm
ケース厚：9.1 mm
パワーリザーブ：42時間
定価：700,000円

自動巻き　中型

Comment

24時間で世界一周。世界を駆け巡る人にぴったりな究極のコンテンポラリーツール。GMT機能を搭載したモダンなトラベルウォッチです。Ⓕ

こだわり派向け

タンブール エボリューション スピン・タイム GMTインブラック

Q1AG00

オールブラックの男らしい機種

タンブール エヴォリューションをさらにメンズらしく変えたオールブラックバージョン。本機には回転するアルミニウムキューブを通しセカンドタイムを表示する機能も。

Spec

ケース素材：ブラックDLCスチール
ケース直径・幅：45 mm
ケース厚：12.6 mm
パワーリザーブ：42時間
定価：2,140,000円

自動巻き　中型　防水

Comment

くるくる時間が切り替わるギミックはとても面白い。しかも高品質で知られるジュネーブの工場で作っているので、信頼性も期待できます。Ⓔ

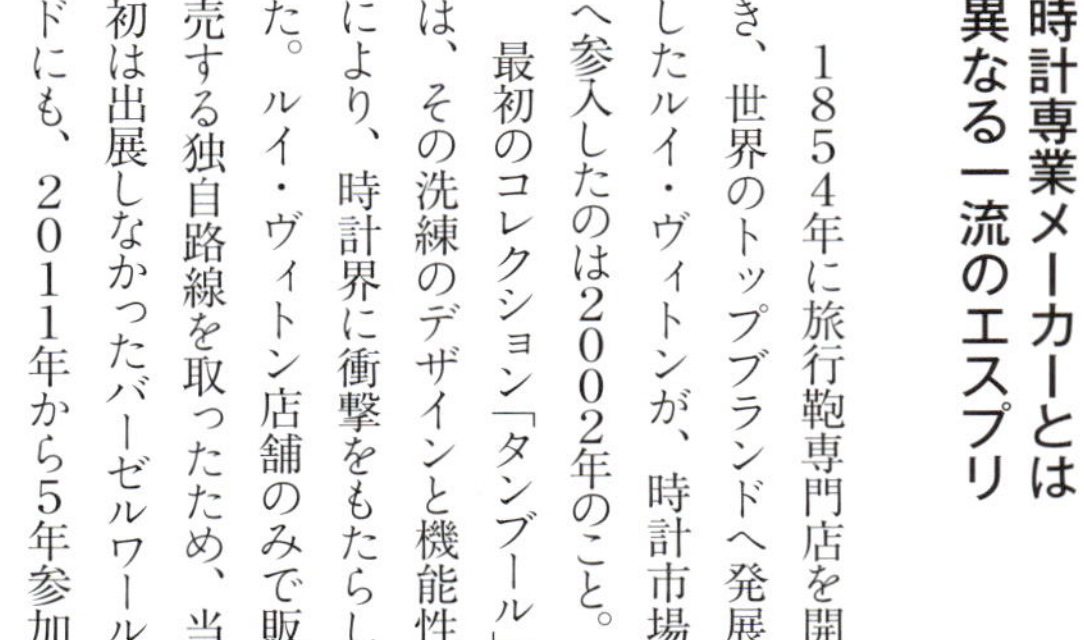

時計専業メーカーとは異なる一流のエスプリ

1854年に旅行鞄専門店を開き、世界のトップブランドへ発展したルイ・ヴィトンが、時計市場へ参入したのは2002年のこと。

最初のコレクション「タンブール」は、その洗練のデザインと機能性により、時計界に衝撃をもたらした。ルイ・ヴィトン店舗のみで販売する独自路線を取ったため、当初は出展しなかったバーゼルワールドにも、2011年から5年参加して、世界の注目を集める。近年では、ハンドペイントによるカスタム文化を受け継ぐ「エスカル」が充実。いつの時代も〝旅〟をメインモチーフに、実用性に優れた魅力作を展開している。

自社ムーブに独自機構、機械式の伝統を守る
MAURICE LACROIX

こだわり派向け

マスターピース ミステリアス セコンド
MP6558-SS001-096-1

時計の在り方を覆す神秘的な秒針

上部がスケルトン仕様で、オフセンターに時分表示を配置。6時位置にあるダイヤルでは、針が神秘的に回転移動しながら秒を指し示す。クリエイティブな着想を与えてくれそうな1本。

Comment

独創的な6時位置のメッシュ状インダイヤルは、見る角度によって円運動する秒針のメカニズムがのぞく仕掛けです。Ⓔ

Spec
ケース素材：ステンレススチール
ケース直径・幅：43mm
パワーリザーブ：50時間
定価：1,300,000円
自動巻き 中型

初心者向け

アイコン クロノグラフ
AI1018-SS002-131-1

モーリス・ラクロアの先進的な時計を手軽に

2003年まで生産された同社のNo. 1ベストセラー「カリプソ」を現代的にアップデート。クォーツ式ゆえの低い価格設定で、10気圧までの高い防水性も魅力。

Spec
ケース素材：ステンレススチール
ケース直径・幅：44mm
定価：125,000円
クォーツ 中型 防水

Comment

エントリーモデルとはいえ現在のモーリス・ラクロアが誇る最高レベルのディテールの仕上げが惜しみなく投入されています。Ⓔ

スポーツ

ポントスS ダイバー
PT6248-PVB01-332

人と差をつけるレトロなデザイン

600メートル防水の機能を備えた本格ダイバーズ・ウォッチ。個性的なレトロなデザインが、おしゃれ感を醸し出しており、普段使いにもバッチリ。

Spec
ケース素材：ステンレススチール×ブラックPVD
ケース直径・幅：43mm ケース厚：9.97mm
パワーリザーブ：38時間 定価：390,000円
自動巻き 中型 防水

Comment

レトロ風デザインですけど外装の作りは今っぽい。アンティークの面白さと今の時計の質感を高さ、使える感じを両立させたものだと思います。Ⓔ

マスターピース、ポントス、レ・クラシックが3本柱

時計ブランド各社の時計を製造していた工房が同社の前身。1975年に創業して以来、クラフトマンシップを持ち続け、スイスの伝統技術を現在に活かす機械式時計を作り続けた。1989年には創業地のセイネレジェにケース工場を設立し、1999年には最新工場も完成。その後の継続的な投資により、次々と最新設備を導入した。そして2006年、計測時の安定性を向上させるレバー機能を搭載した初めての自社製手巻きクロノグラフCal.ML106を発表。現在も「マスターピース」「ポントス」「レ・クラシック」を3本柱に躍進を続けている。

21世紀に生みだされた「原始の時計」
MEISTER SINGER

こだわり派向け

シルキュラリス オートマティック

CC907

高精度の自社製自動巻ムーブメント搭載

直列のツインバレルで5日間のパワーリザーブを誇るCal.MSA01搭載。トランスパレントバックは目にも楽しい。クラシックなルックスながら実用性にも優れる。

Comment

マイスタージンガー初の自社製ムーブメントが搭載しています。パイオニアである一本針も楽しめる。E

Spec
ケース素材：ステンレススチール
ケース直径・幅：43mm
ケース厚：13.5mm
パワーリザーブ：120時間
定価：620,000円
自動巻き　中型

こだわり派向け

サルトラメタ・トランスペアレント

SAM908TR

個性派ブランドでも珍しいスケルトン

厚みのあるサファイアガラスを使用しており、ケース裏からもムーブメントが確認できる構造をしている。トランスペアレントとは透けて見えるという意味。

Spec
ケース素材：ステンレススチール
ケース直径・幅：43mm
ケース厚：13mm
パワーリザーブ：38時間
定価：400,000円
自動巻き　中型

Comment

12時位置のジャンピングアワー表示や、マイスタージンガーの中では珍しいスケルトンダイアルが特徴のモデルです。G

初心者向け

ネオ

NE903N

クラシカルでいてフレッシュなシンプルさ

古代ギリシャ語で「新しい」を意味するNeosから名をとったモデル。プラ風貌を使用し、1950年代クラシカル、アンティークな装いを演出している。

Spec
ケース素材：ステンレススチール
ケース直径・幅：36mm　ケース厚：9.7mm
パワーリザーブ：38時間　定価：150,000円
クォーツ　小型

Comment

一見、時間がわかりにくくそうなシングルハンド表示ですが、慣れると問題はないです。シンプルイズベストな哲学を具現化しています。G

中世の時計を範とするシングルハンド

1200年以上の歴史を持ち、世界で最も住みやすい都市とも呼ばれるドイツ北西部の都市、ミュンスターで作られるマイスタージンガー。その最大の特徴は、時針のみのシングルハンドウォッチがコレクションの基本を成していること。

単針が最も自然でベーシックな時計のスタイルであり、同社のシンボルである「フェルマータ」も、分刻みの時間の束縛から放たれることを意図しているという。

古典的な計測機器からインスピレーションを得たというダイヤルデザインは高い判読性を持ち、ジャーマンプロダクトらしい端正さを見せている点も特筆すべきだろう。

高級筆記具で培った製品哲学と職人魂を継承

MONTBLANC

初心者向け

スター ローマン スモールセコンド オートマティック(SSブレスモデル)

111912

モンブランのドレスウォッチ筆頭

モンブランタイムピースの中でも定番のドレスウォッチ。水平方向のギョシェが、ローマ数字インデックスと古典的ブルーバトンにモダンな印象を与えている。

Comment

スリムな39ミリケースサイズは腕への収まりがよく、上品に身に着けられます。ブルーリーフ型針はクラシカルな美しさを表現し、視認性も高めています。シンプルで飽きのこないデザインは長くご愛用いただけるはずです。Ⓒ

Spec

ケース素材：ステンレススチール
ケース直径・幅：39 mm
ケース厚：10.8 mm
パワーリザーブ：38時間
定価：360,000円
自動巻き 小型

こだわり派向け

ヘリテイジ スピリット オルビス テラルム

112308

世界的な有名万年筆の誕生90周年モデル

モンブランの万年筆「マイスターシュテュック」誕生90周年を祝したコレクション。ラテン語で「地球」を表すラテン語「オルビス テラルム」の名の通り、ワールドタイム機能搭載。

Spec

ケース素材：ステンレススチール
ケース直径・幅：41 mm　**ケース厚**：11.99 mm
パワーリザーブ：42時間　**定価**：647,000円
自動巻き 中型

Comment

文字盤には鮮やかな世界地図が描かれているモデル。昼夜で大陸の色が替わり、地球上の各地域の時間が一目で読み取れる究極のトラベルウォッチ。世界を身近に感じるデザイン性の高い一品です。Ⓒ

こだわり派向け

ヘリテイジ クロノメトリー デュアルタイム (RGベゼル×レザーストラップモデル)

112541

ロールモデルは名機「ピタゴラス」

モンブラン・ヴィルレ工房の前身で1950年代に作られた名機「ピタゴラス」がロールモデル。12時位置の24時間サブダイアルは、ナイト&デイ表示と連動している。

Spec

ケース素材：ステンレススチール、18Kレッドゴールド
ケース直径・幅：41 mm
ケース厚：9.97 mm　**パワーリザーブ**：42時間
定価：706,000円
自動巻き 中型

Comment

ホームタイム、ローカルタイムの時間帯設定を簡易操作で表示し、ふたつの時間帯を1本の時計上で見ることができます。ゴールド、ブルーの2色の針や、ベゼルのレッドゴールドが高級感を演出し、機能性とエレガントさを兼ね備えています。Ⓒ

自社ムーブメントや複雑な機械式時計にも力を注ぐ

高級万年筆の名品「マイスターシュテュック」(1924年)で知られる有名ブランド。時計製作は1997年からスタートし、同年「スター」で鮮烈デビュー。以後、「プロファイル」(2002年)、「タイムウォーカー」(2003年)など、上質なコレクションを意欲的に発表してきた。2006年には100%手作業を堅持するムーブメント製造会社の名門、ミネルバを傘下に収め、2008年には「ニコラ・リューセック」にて自社キャリバーを発表。こうして伝統的な時計作りを実践することで、モンブラン一流のクラフトマンシップは、すべてのモデルに注ぎ込まれるのだ。

バウハウスに基づく機能美に革新性を宿す

NOMOS GLASHÜTTE

Spec
ケース素材：ステンレススチール
ケース直径・幅：35 mm　**ケース厚**：8.45 mm
パワーリザーブ：約43時間　**定価**：250,000円
手巻き　小型

初心者向け　女性向け

オリオンローズ

OR1A3GR2

シンプルで優美な雰囲気

外装パーツはすべてが柔らかな曲線を描いており、ため、クラシックな装い。また、インデックスはバー型のみを採用し、クラシカルなデザインに統一感をもたらしている。

Comment

独特な色味ながら淡いカラーで非常に着けやすく、手元をエレガントに引き立てます。男女問わず着けていただきたいモデルです。Ⓒ

初心者向け

タンジェント38

TN1A1W238

円、フラットな面、直線の繊細デザイン

ベゼルとラグの幅を合わせて線形を統一し、円とフラットな面、直線で構成された細やかなデザイン。バーとアラビア数字のインデックスで空間を設けて視認性も良好。

Spec 
ケース素材：ステンレススチール
ケース直径・幅：37.5 mm
ケース厚：6.75 mm　**パワーリザーブ**：約43時間
定価：240,000円
手巻き　小型

Comment

シンプルできれいで視認性も高く、サイズも日本人の腕にとても合わせやすいサイズです。ベーシックな1本をお探しの方におすすめです。Ⓒ

初心者向け

チューリッヒ

ZR1E3W2

現代建築を思わせる傾斜と立方体の融合

モダン・クラシックなこの時計は、傾斜と立方体で構成されており、インデックスを内側に傾けている。多方面から賞賛されたデザインだ。

Spec
ケース素材：ステンレススチール
ケース直径・幅：39.7 mm
ケース厚：9.65 mm　**パワーリザーブ**：約43時間
定価：460,000円
自動巻き　小型

Comment

シンプルなダイアルに力強いインデックスが存在感を際立たせます。自然体な印象でありながら、腕元に個性を出したい方におすすめです。Ⓒ

グラスヒュッテに息づく伝統的な時計作りを継承

1990年、ドイツ時計の聖地であるグラスヒュッテに誕生。ドイツらしい合理的で機能的なバウハウス精神に基づくデザインを特徴とし、いっさいの無駄を排除したノモスの代名詞「タンジェント」を1992年にリリース。この時計は実用性だけでなくアートとしても価値が認められ、ドイツで数々のデザイン賞を受賞した。近年はムーブメントの自社生産にも積極的で、手巻きのNOMOS α、自動巻きのNOMOS εなどを開発し、4分の3プレートなどグラスヒュッテ伝統の技法を継承。ヒゲゼンマイも自社で製造するなど、技術力の高さを実証している。

柔軟な発想力を武器にユニークな時計作り

ORIENT

初心者向け

オリエントスター スケルトン

WZ0041DX

伝統の技術が見える日本のスケルトン

クラシックな中にモダンな装いも感じさせる、味わい深い手巻き式スケルトン。金のパーツで統一された構造の上で青い針が時刻を指し示す。文字盤の上部に50時間パワーインジゲーターがあり、駆動時間が目視できる。

Comment

最近、外装の質感がすごく上がりました。価格も前に比べて上がりましたが、機械式実用時計としてはすごく可能性を感じます。Ⓔ

Spec

ケース素材：ステンレススチール
ケース直径・幅：45 mm
ケース厚：10.6 mm
文字盤カラー：アンティークシルバー
パワーリザーブ：50時間以上
定価：240,000円

手巻き 中型

初心者向け

オリエントスター レトログラード

WZ0101DE

国産時計ならではの高品質＆高コスパ

針が反復して曜日を表示する、独自開発のレトログラード・ムーブメントを搭載した自動巻き式時計。三つのメーターを配し、カレンダー、曜日、駆動時間が分かりやすいシンプルデザインも魅力だ。

Comment

この価格で立体的なサファイア風防を持つ時計は、ほとんどないので、搭載しているこのモデルは非常にコスパが高いです。Ⓔ

Spec

ケース素材：ステンレススチール
ケース直径・幅：47.5 mm×39.5 mm
ケース厚：14.7 mm
文字盤カラー：ホワイト
パワーリザーブ：40時間以上
定価：120,000円

自動巻き 大型

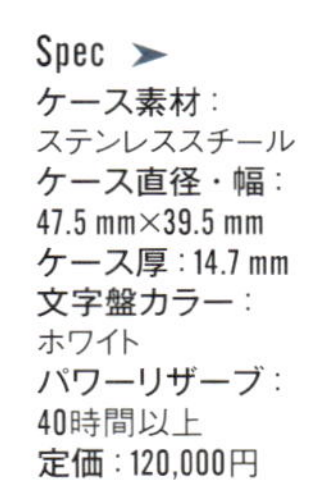

初心者向け

オリエントスター モダンスケルトン

WZ0201DK

シックで実用的 万能な機械式時計

セミスケルトンの自動巻き式で、9時位置の丸窓から構造が見える。各時刻には数字が書かれ、スモールセコンドもある明解表示。カラーバリエーション豊富で、年代を問わず使える。

Spec

ケース素材：ステンレススチール
ケース直径・幅：49 mm
ケース厚：12.4 mm
文字盤カラー：ブラウングレー
パワーリザーブ：40時間以上
定価：78,000円

自動巻き 大型

Comment

デザイン的に日本よりも海外向けの時計だと思いますね。10万以下で買えるの時計のひとつとしては遊び心があって楽しいです。Ⓔ

機械式時計を主力に据えた注目の国産ブランド

1901年、東京・上野に開いた輸入時計販売店が前身。1951年、デザインや品質など全ての点で〝輝ける星〟となるべく「オリエントスター」を開発し、以来、国内生産に徹した本物志向の時計作りがファンを魅了してきた。65年を経た現在、伝統の46径ムーブメントを搭載した「オリエントスター スケルトン」がその最高峰に君臨し、現代的な「オリエントスター モダンスケルトン」や、1950年代テイストがユニークな「オリエントスター レトロフューチャー」も人気を集める。独特の感性を、日本の高い技術力で具現化していく最注目ブランドだ。

独自の個性的スタイルに実用性の高機能を搭載
ORIS

初心者向け

アートリエ コンプリケーション

781 7703 4031D

オンオフを問わず すべての場面にマッチ

国内外を飛び回るビジネスマンに理想的なセカンドタイムゾーン機能を搭載。昼夜を問わず、ビジネスにもプライベートにもあらゆる場面で使えるコンプリケーションウォッチ。

Spec
ケース素材：ステンレススチール
ケース直径・幅：40.5mm
パワーリザーブ：約38時間
定価：245,000円
自動巻き　中型

Comment
約40ミリのケースに収められたムーンフェイズでエレガントさを演出。大きすぎないケースサイズは腕元を引き締め、使い勝手を向上させます。Ⓒ

スポーツ

アクイス デプスゲージ

733 7675 4154

革命的機構による 水深計を搭載

潜水した際、時計の穴から水が入り、水圧で空気を圧縮して水深を測定する機構を搭載。安全性が最優先されるプロフェッショナルダイビングの世界に革命をもたらした。

Spec
ケース素材：ステンレススチール
ケース直径・幅：46mm
パワーリザーブ：約38時間
定価：356,000円
自動巻き　大型　防水

Comment
サファイアガラス内に世界で初めて水深計を搭載。男心をくすぐるオーバースペックな500メートルという防水性も心ひかれる機能です。Ⓒ

スポーツ

ダイバーズ 65

733 7707 4064 R

50年前の名機に 最新技術を導入

1965年に発売、人気を博したダイバーズウォッチが復活。オリジナルのヴィンテージ感をそのまま再現する一方、当時のプレキシガラスではなく、透明度の高いサファイアクリスタルを使用している。

Spec
ケース素材：ステンレススチール
ケース直径・幅：約40mm
パワーリザーブ：38時間　**定価**：190,000円
自動巻き　中型　防水

Comment
スタッフ一同絶賛の復刻版ダイバーズウォッチ。追加になったステンレスブレスレット形状は当時の雰囲気をより引き立てます。Ⓒ

「ポインターデイト」のヒットで世界ブランドへ

機能をデザインに反映した「オリススタイル」で知られる古参ブランド。数多いヒット作の中でも1938年に発表した、専用針で日付を表示する「ポインターデイト」はとくに有名。1941年にはパイロットグローブ装着時でも操作しやすい大型リューズが特徴の「ビッグクラウン」が、米軍パイロットから絶大な支持を集めた。1990年代に入ると、ダイバーズやレーシングクロノグラフなど、高機能スポーツモデルでも個性的なシリーズを積極的に展開。創業110周年の2014年には10日巻きの自社キャリバーを35年ぶりに開発して話題を呼んだ。

名門キャリバーメーカーの伝統を受け継ぐ

PIERRE DEROCHE

こだわり派向け

TNT CHRONO 43

PL4SN00***

世界限定201本の貴重なシリーズ

2016年に追加された、TNT43シリーズにクロノグラフ機能がついたモデル。既存のペンタモデルとは違うDDモジュール搭載で、TNTシリーズの中でもより薄型のクロノグラフとなった。

Comment

文字盤にはサファイアガラスを使ったことで、クロノグラフムーブメントの動きを見て楽しむことができます。G

Spec ➤

ケース素材：SS+Ti
ケース直径・幅：43 mm
パワーリザーブ：約42時間
定価：2,000,000円
自動巻き 中型

女性向け

TNT Royal Retro 43 Bonnie

PK5NW00***

新素材でよりスポーティーを強調

TNT Royal Retro 43に新素材を用いたモデル。「俺たちに明日はない」のボニーとクライドがペットネームになったモデル。BonnieはXSサイズのベルト装着なので女性でもフィット。

Spec ➤

ケース素材：SS×Ti×itr² セラミック
ケース直径・幅：43 mm
パワーリザーブ：約42時間
定価：2,900,000円
自動巻き 中型

Comment

鋼より6倍軽く、金属と同等の高度を持つ透明な新素材itr²を、トップとボトムのベゼルとに使っています。G

初心者向け

TNT Royal Retro 43

PK4NN00***

斬新な秒針の演出に注目

TNTシリーズでの一番人気のモデル。ケース径を47.5ミリから43ミリにダウンサイジングさせたことで、より使いやすく。10秒毎に秒針がレトログレードでリレーする。

Spec ➤

ケース素材：チタン＋SS
ケース直径・幅：43 mm
パワーリザーブ：約42時間
定価：2,600,000円
自動巻き 中型

Comment

アジアマーケットを意識した43ミリ。ムーブメントもそのために、わざわざモジュールの設計をやり直しています。G

あのデュボアデプラのDNAが流れる時計

ピエール・ドゥ・ロッシュは2004年にピエール・デュボア氏が設立したブランドだ。まだ10年強の新興ブランドではあるが、デュボア氏は、クロノグラフや複雑機構のモジュール製作の名門、デュボアデプラ社の一族であり、スイスの複雑時計を知り尽くしている。デュボアデュブラ社の歴史は、1901年、マルセル・デプラ氏が設立。そして婿のレイノルド、孫のジェラルド氏が経営を行い、曾孫のパスカルとフィリップ氏へと続いている。ピエール氏はこの兄弟だ。デュボア一族の作り出した多くのキャリバーは、スイスの数多くの傑作時計を生み出す原動力となった。そんな歴史と技術が受け継がれたブランドだ。

ラルフ ローレンの世界観を巧みに表現

RALPH LAUREN

初心者向け

スティラップ コレクション ラージ クロノグラフ

RLR0030701

ブランドイメージを踏まえた個性的な1本

鐙（あぶみ＝足をかける馬具）のフォルムをケースのデザインに取り入れたコレクション。個性的な腕時計といえるだろう。鞍を思わせるストラップも心憎い。

Comment

大傑作ですね。ラルフ・ローレンは非常に凝り症で、ムーブメントは専用のジャガールクルトのクロノグラフ。最高級のマニファクチュールムーブメントにこだわっています。Ⓔ

Spec ➤

ケース素材：ステンレススチール
ケース直径・幅：38.5 mm×36.6 mm
ケース厚：12.15 mm
文字盤カラー：ホワイト
パワーリザーブ：48時間
定価：865,000円

自動巻き　小型

初心者向け

スポーティング コレクション クラシック クロノメーター 39MM

RLR0250700

ラルフ ローレンの哲学を如実にデザイン

スポーティーであると同時にクラシカルな文字盤を取り入れた、モダンなスタイリング。小型化された約39ミリのモデルは腕の細い人にもフィットしやすい。

Spec ➤

ケース素材：ステンレススチール
ケース直径・幅：38.7 mm
ケース厚：11.2 mm
文字盤カラー：ブラック
パワーリザーブ：42時間
定価：395,000円

自動巻き　小型　防水

Comment

ベゼルにネジを打ち込みスポーティー感を演出しています。フォーマルにも、遊びにも使える、うまい立ち位置を目指したデザインです。Ⓔ

初心者向け

スポーティング コレクション RL67 サファリ クロノメーター 39MM

RLR0250702

洗練された品格とアドベンチャー精神

ヴィンテージ仕上げで耐久性が高いケースに、大きな数字とオレンジの秒針が絶妙なアクセントになっている。旅する冒険者たちを讃えるタイムピース。

Spec ➤

ケース素材：ステンレススチール
ケース直径・幅：38.7 mm
ケース厚：10.4 mm　文字盤カラー：カーキ
パワーリザーブ：42時間　定価：355,000円

自動巻き　小型　防水

Comment

文字盤の作りが凝っていて、世界的なウォッチコレクター、ラルフ・ローレンらしく、時計好きをニヤッとさせる要素が盛り込まれています。Ⓔ

ファッションの大御所が満を持して時計界に進出

ラルフ・ローレンが革新的な幅広ネクタイでデザイナーとしてのキャリアをスタートさせたのは1967年。これがPoloブランドの発端となる。以来50年にわたって独自のヴィジョンを広げ、メンズ、レディース、キッズ、フレグランス、インテリアといった幅広いコレクションを展開してきた。

2008年にはリシュモングループとの共同出資による時計会社をスイスに設立し、2009年に初コレクションを披露。このとき発表されたのが、「スポーティング」「スティラップ」「スリム クラシック」の3ライン。2013年の「サファリ」など価格帯も広がっている。

独創的なアントワープ発の注目ブランド
RESSENCE

こだわり派向け

RESSENCE TYPE 5
TYPE5

どの角度からでも最高の視認性

TYPE1とTYPE3からの技術がさらに進化したダイバーズウォッチ。ケース内部に充填されたオイルが反射を防ぐため、水中でも抜群の視認性を誇る。

Comment

自社開発のモジュールを含む文字盤全体を37.5mlのオイルに沈めるという世界初の技術を用いて驚異の計量化に成功。G

Spec
ケース素材：チタニウム
ケース直径・幅：46 mm
パワーリザーブ：36時間
定価：3,850,000円
自動巻き 大型

こだわり派向け

RESSENCE TYPE 1W
TYPE1W

リューズが存在しない斬新なデザイン

SERIES1を進化させたモデル。2014年に発表された。リューズは従来の位置になく、バックケースを操作することで、時刻設定と同時に巻き上げシステムも可能にしている。

Spec
ケース素材：チタニウム
ケース直径・幅：42 mm
文字盤カラー：ホワイト
パワーリザーブ：36時間
定価：2,400,000円
自動巻き 中型

Comment

どの針も重なり合うことなく回転することで、様々な表情を見せる文字盤は飽きのこないデザインです。G

こだわり派向け

RESSENCE TYPE 3
TYPE3

液体の中の文字盤を眺めるデザイン

文字盤の4時位置に、新たに温度計がつけられたモデル。手首から伝わる体温や、外気温によって変化する内部オイルの温度を常に確認することができる。

Spec
ケース素材：チタニウム
ケース直径・幅：44 mm
文字盤カラー：ブラック
パワーリザーブ：36時間
定価：4,680,000円
自動巻き 中型

Comment

この時計に重要なオイルの温度が視覚で確認できる機能がついた、ハイパフォーマンスウォッチです。G

一度見たら忘れない主張あるデザイン

レッセンスというブランド名の由来は、再生を意味するルネッサンスと、必須を意味するエッセンスとを融合させた造語だ。つまり時計にとって必須なことは、時間を正確に再生することだという真理を意味する。バウハウス系の、シンプル&機能的な要素を含む、独創的なデザインは、ベルギーの工業デザイナーである、ベノワ・ミンティエンスによって誕生した。彼は社長も務めているので、日本のわびさびと通ずるような、その哲学あるデザインセンスは、すべての商品に統一されている。2010年に誕生した新進ながら、注目を集めるブランドだ。

ジュネーブ・シールをすべての時計に取得する
ROGER DUBUIS

こだわり派向け

エクスカリバー42 オートマティック

RDDBEX0465

トレンドのブルーが まぶしい日本限定版

2013年に発売されたエクスカリバー42のブレスモデルを継承。本モデルはトレンドのブルーダイヤルを配した88本の日本限定版だ。ブレスは薄くなり、フィット感も向上。

Comment

人気モデル「エクスカリバー」の中でも最もシンプルなモデル。マイクロローターを搭載したムーブメントで、最高級スイス時計の認証"ジュネーブシール"を取得してます。Ⓒ

Spec

ケース素材：ステンレススチール
ケース直径・幅：42 mm
パワーリザーブ：52時間
定価：2,320,000円
自動巻き 中型

こだわり派向け

エクスカリバースパイダー フライングトゥールビヨン スケルトン

RDDBEX0479

芸術品の域に達した 超複雑構造の美に浸る

手巻きのフルスケルトンモデル。文字盤を排して構造を見せつつ、星型を描く幾何学模様のブリッジや配色の妙によって美しさを共存。左下にはトゥールビヨンの超複雑構造も見られる。

Spec

ケース素材：チタンブラックDLCチタン
ケース直径・幅：45 mm
ケース厚：13.75mm
パワーリザーブ：60時間　定価：17,800,000円
自動巻き 中型

Comment

エクスカリバーのスポーティー・バージョン。ケース素材にチタンを使い、スケルトンワークをムーブメントだけではなく、ケースやフランジ、針にまで採用しています。Ⓒ

こだわり派向け

エクスカリバー 42 オートマティック スケルトン

RDDBEX0422

ブランド初の自動巻きスケルトン

人気自動巻きモデルのスケルトン仕様。独創的なブリッジはアストラル（星）を描く。ローズゴールドのケースとアリゲーターのストラップが落ち着きある上品な印象を与える。

Spec

ケース素材：ローズゴールド
ケース直径・幅：42 mm　ケース厚：11.44 mm
パワーリザーブ：60時間
定価：8,440,000円
自動巻き 中型

Comment

ロジェ・デュブイ初のオートマティックスケルトン。マイクロローターも含めてスケルトナイズされた芸術性が高いモデルです。Ⓒ

わずか十数年で確立したマニュファクチュール体制

1995年の創業以来、力強く思い切ったデザインと、斬新かつ高度なメカニズム、現代の高級時計界を代表する存在に成長。

1998年、初の自社キャリバーを製造後、マニュファクチュールとして独立体制を強化。最高品質の証とされるジュネーブ・シールを自社のすべての作品に取得している世界唯一のブランドでもある。

2008年にリシュモングループ傘下となり、以来、「エクスカリバー（2005年）」をはじめ、2011年には「モネガスク」、2012年には「パルジョン」「ベルベット」と、オリジナリティ豊かな世界観を表現している。

スイス時計界も驚愕する革新的な技術力

SEIKO

初心者向け

グランドセイコー メカニカルハイビート 36000 GMT

SBGJ001

グランドセイコーに登場した10振動GMT搭載機種

腕時計本来の価値を追求し続けるグランドセイコーに10振動GMTムーブメントを搭載した新モデルが加わった。新ムーブメントは、高速振動により精度差や日差を抑え、安定した高精度を実現。

Comment

外装の作り は世界最高だと思います。厚みと重さが気にならなければ、実用時計としてロレックスに並ぶ時計です。Ⓔ

Spec
ケース素材：ステンレススチール
ケース直径・幅：40mm
ケース厚：14mm
本体重量：159g
パワーリザーブ：55時間
定価：650,000円
自動巻き 中型 防水

初心者向け

アストロン

SBXB045

世界に革命を起こす初のGPSソーラー

原子時計に基づく究極の精度を備え、現在地の時刻を簡単に知ることができる世界初のGPSソーラーウォッチ。グローバルトラベラーに利便性の高いデュアルタイム機能も搭載。

Spec
ケース素材：純チタン
ケース直径・幅：45mm
ケース厚：13.3mm
本体重量：115g
定価：220,000円

Comment

ケースも薄くなり、時間合わせも早くなりました。海外に飛び回るビジネスマンにぴったりな時計に仕上がった印象です。Ⓔ

初心者向け

プロスペックス マリーンマスター プロフェッショナル

SBDX014

さらに進化を遂げた大人気の"ツナ缶"

世界中で「ツナ缶」の名で慕われる"外胴構造"が進化。外胴、バンドには堅牢性の高い新素材を採用し、インデックスには残光時間を向上した新開発のルミブライトを用いた。

Spec
ケース素材：純チタン
ケース直径・幅：52.4mm
ケース厚：17.2mm 本体重量：158g
パワーリザーブ：50時間
定価：350,000円
自動巻き 大型 防水

Comment

セイコーといえばダイバーズウォッチ。プロフェッショナルも使うぐらいに頑丈で、時間も猛烈に見やすいですね。Ⓔ

伝統の機械式と革新のGPS時計でリード

1881年に服部時計店としてスタートし、1913年に国産初の腕時計「ローレル」を発表した。1923年の関東大震災で多大な被害を受けたが、翌年には生産を再開。製品に「SEIKO」の名がついたのもこの頃からだ。

1960年にはスイス勢に比肩する高級時計「グランドセイコー」を開発。1964年の東京五輪で公式計時を担当した後、1969年には世界で初めてクォーツ腕時計「アストロン」を発売。1990年代の「スプリングドライブ」、2012年の「GPSソーラーウォッチ」など、独自開発のハイテク時計で世界をリードしている。

“プロ”に信頼される本格派ウォッチを製作

SINN

初心者向け

103.B.SA.AUTO

103.B.SA.AUTO

実用性を追求する ジンの基本精神

優れた視認性、精度を誇るシンプルなダイヤルを備えたジンのポリシーを表す実用的モデル。ブラックのベゼルは1960年代にドイツ空軍に採用されたモデル155の伝統を踏襲。

Comment

クラシックで実用的なクロノグラフながら、20気圧防水を兼ね備えています。実用的な定番モデルをお探しの方にはピッタリです。Ⓒ

Spec

ケース素材：ステンレススチール
ケース直径・幅：41mm
ケース厚：17 mm
本体重量：185g
パワーリザーブ：46時間
定価：388,800円

自動巻き　中型　防水

初心者向け

566.M

566.M

必要最小限機能の 高コスパ入門モデル

高い品質とコストパフォーマンスを誇る、ジンの世界と製作技術を体感するための入門モデル。デザインは、時計の必要最小限の機能である、時・分・秒と日付表示のみに特化。

Spec

ケース素材：ステンレススチール
ケース直径・幅：38.5 mm
ケース厚：11 mm　**本体重量**：140g
パワーリザーブ：38時間
定価：205,200円

自動巻き　小型　防水

Comment

シンプルながら重厚感のある作りであり、視認性も抜群です。ドイツの良い意味での武骨さ・真面目さが凝縮された1本です。Ⓒ

スポーツ

EZM3

EZM3

特殊部隊用の “使うための時計”

ドイツ警察特殊部隊のために開発されたダイバーズウォッチ。「使うためだけの時計」のコンセプトで、ヒューマンエラーを排除したデザインと機能性、高耐久性を実現した。

Spec

ケース素材：ステンレススチール
ケース直径・幅：41 mm　**ケース厚**：12.3 mm
本体重量：約160g　**パワーリザーブ**：36時間
定価：345,600円

自動巻き　中型　防水

Comment

他にはない独特なダイアルデザインが魅力です。さらに様々な用途を想定したハイスペック搭載であり、時計好きも唸る1本です。Ⓒ

自動巻きモデルが宇宙で使用できることを実証

「ジン特殊時計株式会社」の正式名称の通り、パイロットやダイバーズなどプロユースを想定した製品を創業時より開発してきた。

知名度を得たきっかけは、1985年の宇宙計画「スペースラブD1」。乗組員がジンの「142・BS」を私物として携行し、宇宙空間でも自動巻きモデルが使用できることを実証した。これが世界中から注目を浴び、航空用計測器ブランドとして広く認知されるようになった。最近では、驚異的な防水性を実現する「ハイドロ」や激しい温度変化に耐える特殊オイルなどを開発。軍や特殊部隊用モデルも製作している。

強烈なる個性の伝統的なソリューション
SPEAKE-MARIN

こだわり派向け

レジリエンス
SM10013

ディテールの抑揚が醸し出すエレガンス

ケースと文字盤の鮮やかな色のコントラストが、無骨さとデリケートさが同居するデザインをより印象的なものとしている。優れたパッケージングが生んだ新しい個性。

Comment

ローマではなく、アラビア数字を使うことによって線の細さを演出。ドレスウォッチとしてのイメージをすごく打ち出した時計です。Ⓔ

Spec

ケース素材：18KRG
ケース直径・幅：42 mm
ケース厚：12 mm
パワーリザーブ：約50時間
定価：3,300,000円
自動巻き　中型

こだわり派向け

スピリット・シーファイア
SM2000355

個性派ならではのクロノグラフへのアプローチ

ミリタリーテイストの独自の解釈が生んだ世界観が、モダンなカラーリングによってより鮮やかに表現されている。高い実用性を両立させている点は流石。

Spec
ケース素材：チタン
ケース直径・幅：42 mm　ケース厚：15 mm
パワーリザーブ：約48時間
定価：1,220,000円
自動巻き　中型

Comment

ケースが個性的ですが、ケースの磨きとか、文字盤、針にちゃんとお金をかけていて、マイクロメゾンらしい良さがあります。Ⓔ

こだわり派向け

サーペント・カレンダー
SM1000103

個性的な表示針が人気のコレクション

スピーク・マリンの定番モデル。サーペント（大蛇の意）を思わせる曲がりくねったポインターデイト針のデザインは、視認性への配慮から生まれたもの。

Spec
ケース素材：ステンレススチール
ケース直径・幅：38 mm　ケース厚：12 mm
パワーリザーブ：約50時間　**定価**：1,400,000円
自動巻き　小型

Comment

最近、性能も質感もすごく高まりました。にもかかわらず20年近く値段が変わらないのでので、今お買い得で狙い目だと思います。Ⓔ

明確なビジョンと果てしない時計作りへの情熱

ピーター・スピーク・マリン。1968年英国生まれ。古典時計の修復に始まり、ルノー・エ・パピでは複雑時計の製作で名を馳せ、2000年に独立時計師としてデビュー。オリジナル製作の傍ら、ハリー・ウィンストンやMB&F、メートル・デュ・タン等、名だたるメゾン達とのコラボレーションでも大いに話題を振りまく。

2008年からは自らの名を冠したブランド、「スピーク・マリン」の活動に専念。規模の拡大に走ることなく、伝統を重んじつつも、独自の哲学と美学を貫いたその希少なコレクションは、一際の輝きを放っている。

21世紀に甦った伝説のジャーマンブランド
STOWA

初心者向け

アンテア365

ストーヴァの創業からの定番モデル

ストーヴァの創業からの定番モデルが、このアンテアだ。シンプルかつ、上品な文字盤のデザインが特徴で、飽きることなく、長く使えるだろう。

Comment

載せてる機械も優秀で、奇をてらわずに使える実用時計だと思います。オートマティックの入門編としてアリだと思います。Ⓔ

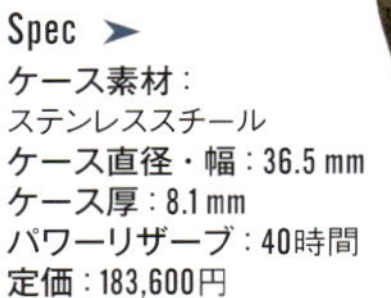
Spec
ケース素材：ステンレススチール
ケース直径・幅：36.5 mm
ケース厚：8.1 mm
パワーリザーブ：40時間
定価：183,600円
自動巻き 小型

初心者向け

フリーガークロノ

シンプルな文字盤が男らしさを演出

クロノグラフでありながら、ストーヴァらしく実にシンプルなデザイン。往年のパイロット・ウォッチを参考に、極限まで文字盤要素を排除している。

Spec
ケース素材：ステンレススチール
ケース直径・幅：41 mm
ケース厚：14.7 mm
パワーリザーブ：40時間
定価：313,200円
自動巻き 中型

Comment

個人的には大傑作だと思ってます。針がインデックスに届いているので、いかにも計測器らしい緻密さが出ています。Ⓔ

初心者向け

マリーンオリジナル

飽きのこないトラッドなデザイン

トラッドなデザインのマリーン。ダイヤルは当時の懐中時計をベースに作られている。ブルー分針がアクセントになっていて、裏側はスケルトンだ。

Spec
ケース素材：ステンレススチール
ケース直径・幅：41 mm
ケース厚：12 mm
パワーリザーブ：46時間
定価：237,600円
手巻き 中型

Comment

昔のエナメル仕上げのような質感を残しつつも割れにくい。針や文字盤にお金をかけていて、作りの良さが味わえる時計です。Ⓔ

かつてのドイツ時計の名機を現代的に再解釈

ストーヴァはドイツのフォルツハイムで1927年に創業した老舗ブランド。旧ドイツ空軍にパイロットウォッチを納入していたが、第二次世界大戦で被災して工場を喪失。一時は復興して世界80カ国に販路を広げたものの、1970年代のクォーツショックで停滞。

その再生に乗り出したのが、ハンドメイドにこだわるドイツ時計「シャウアー」の創業者であるヨルク・シャウアーである。8年にも及ぶ研究の末、2004年に見事復活をとげた。以来、往年の名機に現代的なニュアンスを加えた質実剛健な腕時計は、リーズナブルな価格で人気を集めている。

トラディショナルスイスウォッチ世界 No.1 の生産量
TISSOT

初心者向け

ティソ ヘリテージ 160周年記念モデル

T078.641.16.037.00

時を経てよみがえる 1953 年発売モデル

当時「その手に地図を抱く」というコンセプトで発売された復刻モデル。都市名が刻まれたダイヤルによる24タイムゾーンワールドタイマーを有するクラシカルな逸品だ。

Comment

1953年に発売されたワールドタイムモデルの復刻版。クラシックながら高級感があり、こだわりのある1本をお探しの方へおすすめです。©

Spec
ケース素材：ステンレススチール
ケース直径・幅：43 mm
文字盤カラー：シルバー
ケース厚：9.62 mm
パワーリザーブ：約42時間
定価：166,000円
自動巻き　中 型

スポーツ

ティソ T-タッチ エキスパート ソーラー

T091.420.47.057.01

20 もの特殊機能をタッチ操作可能

高度計、天候予測、コンパスなど20のタッチファンクションを搭載。かつて羅針盤で方角を知り、風を読んで進むか否かを決めた自然への挑戦を、腕時計ひとつで可能とした。

Spec
ケース素材：ブラックPVDコーティングチタニウム
ケース直径・幅：45 mm
ケース厚：13 mm
文字盤カラー：ブラック
定価：118,000円
ソーラー　中 型　防 水

Comment

軽量かつ強度の高いチタンケースを採用しているため、多機能ながら装着感は抜群です。ベルトも3種類あり、好みの着用感のものを選べます。©

初心者向け

ティソ シュマン・デ・トゥレル オートマティックCOSC

T099.408.11.058.00

クロノメーター認定旗艦ムーブメント

1907年に工房を設け、現在も社屋に通じる小道の名を冠す。精度にこだわり、長時間の持続時間と耐久性、安定性を実現した、フラッグシップムーブメント・Powermatic80を搭載。

Spec
ケース素材：ステンレススチール
ケース直径・幅：42 mm
文字盤カラー：ブラック
ケース厚：10.89 mm
パワーリザーブ：約80時間
定価：110,000円
自動巻き　中 型

Comment

文字盤に施されたギョシェ彫りがより高級感を演出。視認性も高く、最初に持つラグジュアリー時計としておすすめの1本です。©

進取の気質と先進技術で数々の傑作を輩出

スイスのル・ロックルにティソ親子が時計工房を設立したのは1853年。1958年に導入した生産方式により、精度や品質を落とさずに量産することに成功した。その後も超耐震時計「PR516」や、天然石や木を使った時計など、独創的な技術で数多くの傑作を世に送り出す。1999年には世界初のタッチセンサーモデル「Tタッチ」を発売。このモデルはティソのアイコンとなり、更なる進化を続け、最新モデルはソーラーエネルギーで駆動する。

1世紀半を超える長い伝統に裏打ちされた、優れた技術とスタイル、適正な価格設定が人気の秘密だ。

ミリタリーウォッチ原点のブランド
TUTIMA

初心者向け
グランド フリーガー クラシック オート
6102.01

復活した伝説のミリタリーウォッチ
世界で初めて軍に正式採用されたフリーガー クロノグラフ1941のDNAを受け継ぐ。伝統の"レッドポイント"を配したベゼル、コブラハンドなどにその意匠が踏襲されている。

Comment
ケース周りの作りがよくて、リューズを引っ張ってもガタが全然ないんですね。そう考えるとメイドインジャーマニーらしいです。Ⓔ

Spec
ケース素材：ステンレススチール　ケース直径・幅：43 mm
文字盤カラー：ブラック　パワーリザーブ：約44時間
定価：290,000円（ストラップ）、330,000円（ブレスレット）
自動巻き　中型　防水

スポーツ
M3 パイオニア
6451.03

マイナーチェンジを繰り返し操作性向上
M2クロノグラフ同様、ミリタリークロノグラフT760-02の後継機。マイナーチェンジを重ねて2015年に発表さた。プッシュボタンはさらに操作性が高められている。

Spec
ケース素材：チタン
ケース直径・幅：46 mm
文字盤カラー：ブラック
パワーリザーブ：約44時間
定価：777,600円
自動巻き　大型　防水

Comment
名作のT760の後継機。自社製ムーブメントながら、積算60分計、12時24時間表示など、名機レマニア5100と同じ特徴を載せています。Ⓔ

スポーツ
M2 クロノグラフ
6450.03

NATO軍も正式採用 プロ仕様のクロノ
1986年からドイツ空軍に、1989年からはNATO軍に採用された名機・ミリタリークロノグラフT760-02の後継機種。質感あるチタンケース全体の意匠が受け継がれている。

Spec
ケース素材：チタン
ケース直径・幅：46 mm
文字盤カラー：ブラック
パワーリザーブ：約44時間
定価：734,460円
自動巻き　大型　防水

Comment
防水性能が上がり、ダイバーズウォッチとしても使える仕様になっています。チタンケースは軽くて取り回しはとてもよいです。Ⓔ

ドイツ軍などで現在も使われている軍用時計

ドイツ時計の聖地といわれるグラスヒュッテ発祥の時計産業をルーツとし、現在の社名「チュチマ」（ラテン語で"精巧な"を意味するtutusという形容詞に由来）になったのは、1983年から。第2次世界大戦時は「フリーガー クロノグラフ」（1941年）が世界初の制式採用モデルとして旧ドイツ空軍へ納品されるなど、数多くの優れたパイロットウォッチを生産したことで知られる。

1986年から現在まで「ミリタリー クロノグラフT」を納入しているドイツ空軍のほか、NATO軍や世界各国の空軍で、今日も同社の軍用時計が活躍している。

時計史に輝く複雑時計を生んだ驚異の技術力
ULYSSE NARDIN

こだわり派向け

ユリス・アンカー・トゥールビヨン

1780-133/E0-60

ユリス・ナルダンのパイオニア精神を象徴するモデル

自社開発のコンスタント・フォースを生みだす脱進機を搭載。優れた技術は機械だけではなく外装にも及び、ブランド傘下、ドンゼ・カドラン社にて製作のグラン・フーエナメル文字盤を採用している。

Spec ➤
ケース素材：ホワイトゴールド
ケース直径・幅：44 mm
文字盤カラー：白（グラン・フー エナメル）
パワーリザーブ：約7日間
定価：10,730,000円
手巻き　中 型

Comment

エンボスした波模様の文字盤はとてもお金がかかっています。パーティーでも使えるダイバーズウォッチがが欲しければ、マリンダイバーはアリです。Ⓔ

マリーン クロノメーター

1183-126/40

主要コレクション人気モデル

定番モデル「マリーン クロノメーター」の人気モデル。インデックスや針など、ブランドの歴史を随所に感じさせるデザインを採用。

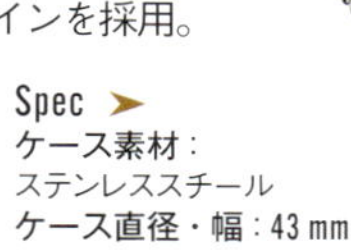

Spec ➤
ケース素材：ステンレススチール
ケース直径・幅：43 mm
文字盤カラー：白
パワーリザーブ：約60時間
定価：1,200,000円
自動巻き　中 型

Comment

自社製キャリバーUN-118を搭載し、60時間駆動することが可能です。また、前後方向のいずれかに調整することが可能な日付機能を搭載しています。Ⓕ

マリーン クロノ アニュアルカレンダー

1533-150-3/43

複雑さとシンプルさの融合

自社製ムーブメントUN-153を搭載。クロノグラフとアニュアルカレンダーを採用した「マリーン」コレクションの最新モデルで、複雑機構ながら、操作性に優れたコレクションだ。

Spec ▲
ケース素材：ステンレススチール
ケース直径・幅：43 mm
文字盤カラー：ブルー
パワーリザーブ：約52時間
定価：1,430,000円
自動巻き　中 型

Comment

自社製ムーブメントUN-153を搭載。クロノグラフとアニュアルカレンダーを採用した「マリーン」コレクションの最新モデル。複雑機構ながら、操作性に優れたコレクションです。Ⓕ

マリン・クロノメーターと天文時計で世界に飛躍

ユリス・ナルダンは創業当初より、振動や温度変化に影響されにくい船舶用のマリン・クロノメーターや、天体情報を組み込んだ天文時計を開発するなど、優れた才能を発揮。スイス屈指の技術力を持つブランドとしての礎を築いた。

その伝統は脈々と受け継がれ、現在もパーツなどを自社生産するマニュファクチュールとして知られる。同社の代表作にはルードヴィッヒ・エクスリン博士と共作した傑作「天文三部作」（1985－1992年）があり、また最近では現行の「フリーク」や「ソナタ」をもって、最高峰の複雑時計ブランドであることを改めて実証している。

腕時計もジュエリーと位置づける名門メゾン
VAN CLEEF & ARPELS

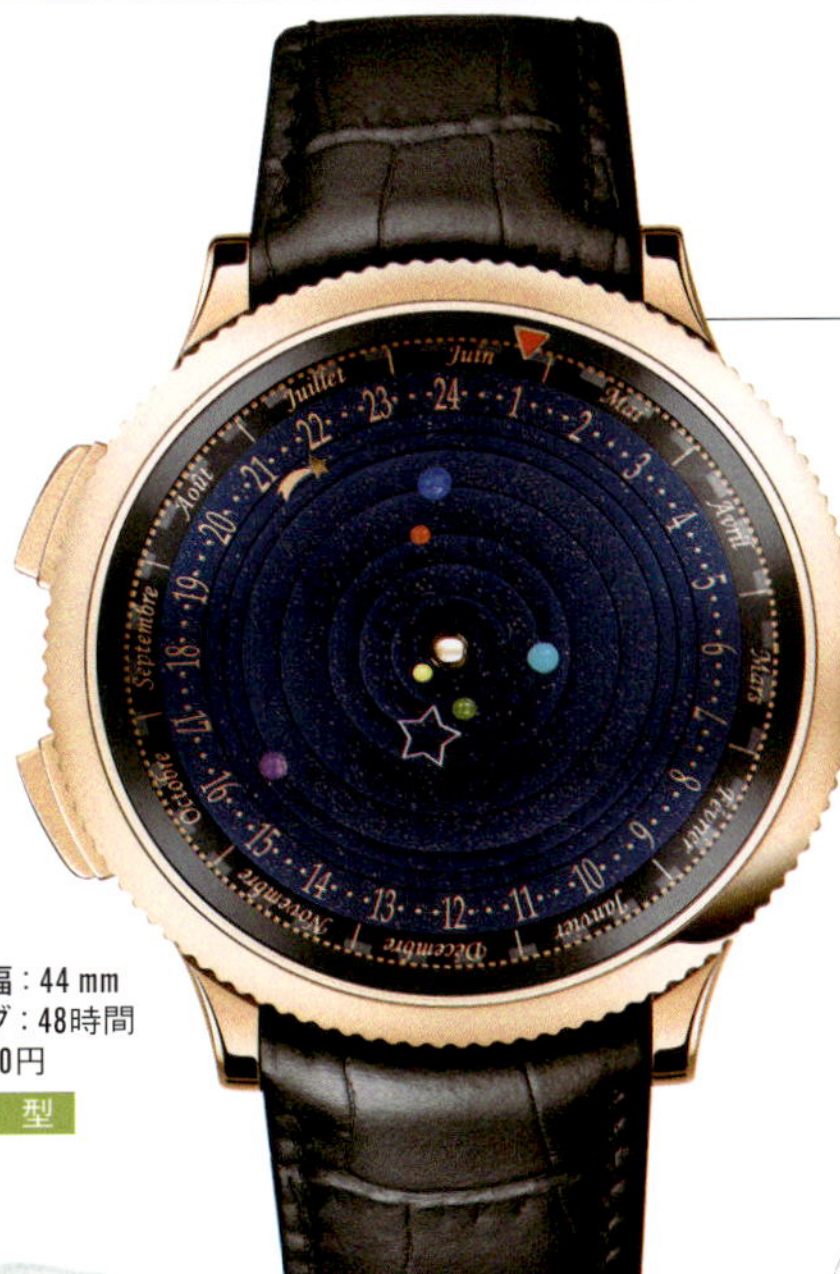

こだわり派向け
ポエティック コンプリケーション ミッドナイト プラネタリウム
VCARO4J000

プラネタリウムを腕時計の中に凝縮

太陽系の6惑星の動きを腕時計の中で再現。土星が文字盤を1周するのにかかる時間はなんと29年以上。通常の時刻は文字盤の一番外側を24時間で1周する流れ星が告げてくれる。

Comment
各種の天体の動きを示してくれる大天文時計。これだけ歯車を埋め込んでちゃんと動く時計ってなかなかない。技術力のある時計です。E

Spec
ケース素材：ピンクゴールド
ケース直径・幅：44mm
パワーリザーブ：48時間
定価：21,000,000円
自動巻き 中型

こだわり派向け
ピエール アーペル ユール ディシ エ ユール ダイヨール
VCARO4II00

独創的デザインのジャンピングアワー

文字盤上部の開口部には基準地の時刻、下部にはふたつ目の時間帯の時刻が表示される。レトログラード表示の分針は、60分に到達すると瞬時に0分に戻るジャンピングアワー。

Spec
ケース素材：ホワイトゴールド
ケース直径・幅：42mm
パワーリザーブ：48時間
定価：3,850,000円

自動巻き 中型

Comment
薄いケースにちゃんとした機械の組み合わせており、見た目が面白いだけでなく、ちゃんと使えて信頼性が高いモデルです。E

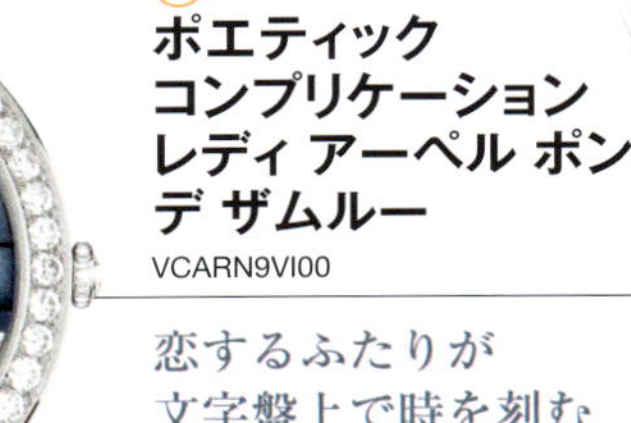

こだわり派向け
ポエティック コンプリケーション レディ アーペル ポン デ ザムルー
VCARN9VI00

恋するふたりが文字盤上で時を刻む

コントルジュール（逆光）エナメルの文字盤上で時を刻むのはレトログラードムーブメントで動く恋するふたり。互いに少しずつ近づき最後にようやく出会うロマンチックな1本。

Spec
ケース素材：ホワイトゴールド
ケース直径・幅：38mm
パワーリザーブ：30時間
定価：11,700,000円
手巻き 小型

Comment
12時になるとふたりがキスをする。ちょっとだけ時間を待たせて、最後女性が男性を押して別れる。機構だけで男女逢瀬を表現しています。E

一流宝飾店の“洗練”をまとった華麗なる作品群

1906年、パリのヴァンドーム広場で始めた宝飾店を起原とする名門ジュエラー。モナコ王室をはじめ、ヨーロッパ中の王侯貴族の恩寵を受けながら順調に発展。1949年から腕時計の製造をスタートし、2004年には「ムッシュー アーペル」で本格的なメンズ時計市場への参入を果たした。

同社の特徴は、複雑機構を一流ジュエラーの解釈で独創的かつ優雅に仕上げる点。「ポエティック コンプリケーション」（2006年）の詩的で華麗な装飾は芸術品レベルにある。一方、「ピエール アーペル」はドレス系らしいシンプルな表情でファンを魅了している。

ドイツ老舗時計店が作るシンプル&高性能時計
WEMPE

ツァイトマイスタークロノグラフ トリプルカレンダー ムーンフェイズ

Ref.WM53 0001

高性能ムーブでリーズナブル

多機能搭載ながら、視認性よく文字盤にまとめられたデザインは、ドイツの工業製品の特長がよく現れている。ドイツクロノメーター取得モデル。

Comment

日付、曜日、月、ムーンフェイズ表示にクロノグラフ機構を加えたコンプリケーションモデルです。多くの表示機構を備えながら、視認性に優れた上品なデザイン。F

Spec
ケース素材：ステンレススチール
ケース直径・幅：42mm
ケース厚：12mm
パワーリザーブ：42時間
定価：530,000円
自動巻き 中型

ツァイトマイスタークロノグラフ

Ref.WM54 0001

丁寧な仕上げの職人技が光る

緊張感のあるドルフィンハンドと、バーインデックスに、クラシカルな角型プッシャーの組みあわせという、優雅さと洗練さがマッチしたデザイン。

Spec
ケース素材：ステンレススチール
ケース直径・幅：42mm
ケース厚：12mm
パワーリザーブ：42時間
定価：340,000円
自動巻き 中型

Comment

どちらかというとスポーティーで武骨なイメージの強いクロノグラフにおいて、オンオフ問わずお使いいただけるシンプルで端正なデザインが魅力。F

ツァイトマイスターオートマティック

Ref.WM14 0001

エントリーモデルに最適の時計

ケース径38ミリと小ぶりのサイズは、腕まわりの細い人にもぴったりので、使いやすい。クラシカルかつシンプルなデザインは、どんなシーンでも使える。

Spec
ケース素材：ステンレススチール
ケース直径・幅：38mm
ケース厚：10mm
パワーリザーブ：42時間
定価：215,000円
自動巻き 小型

Comment

ヴェンペのコレクションのなかでも一番オーソドックスなデイト表示付のエントリーモデルです。洗練されたデザインながらどこかクラシカルで落ち着きがあります。F

130年以上の歴史を持つ時計商かつ時計メーカー

ヴェンペは、時計産業の地として名高いドイツ・グラスヒュッテにあるメーカーだ。元々は、1878年に高級時計宝飾店として創業した。パテック フィリップ、A.ランゲ&ゾーネ、ヴァシュロン・コンスタンタン、オーデマ ピゲ、ロレックス、IWCなど、有名時計ブランドの別注モデルなどの販売実績のある由緒正しい時計店だ。

ヴェンペの時計は、自社工房で製作され、すべてドイツクロノメーター規格を取得しているという店の看板に恥じない性能だ。飽きのこないクラシカルなデザインには、そのまま実直なドイツ時計のエッセンスが凝縮されている。

革新に満ちた歴史と伝統がここに復活
ZODIAC

Spec
ケース素材：ステンレススチール
ケース直径・幅：39 mm
パワーリザーブ：44時間
定価：140,000円
自動巻き　小型

こだわり派向け
SEA DRAGON
Z09904

60年代～70年代の意匠を再現したモデル

2004年初出のシードラゴン、1960年代後半に流行したラグ一体型のケースとカラーリングを再現している。デイリーウォッチとしてさりげない個性を演出してくれる。

Comment
レトロテイストたっぷりのデザイン、カラーで注目度も高い復刻モデル。ゾディアックは、今なお根強いファンも多いスイスの名門ブランドです。Ⓖ

こだわり派向け
SUPER SEA WOLF 68
ZO9501

時代の要請が生んだ耐高圧ダイバーズの復刻

市販の腕時計として前例のない強力な防水性能を誇った、1968年初出のスーパーシーウルフ。その荒削りな意匠とカラーリングは、現代においてもなお、衝撃的だ。

Spec
ケース素材：ステンレススチール
ケース直径・幅：44 mm
パワーリザーブ：44時間
定価：180,000円
自動巻き　中型

Comment
スーパーシーウルフは、それまでのシーウルフから防水性が格段に進歩したところから、スーパーが名づけられたモデル。卵型ケースは一目でわかるデザイン。Ⓖ

初心者向け
SUPER SEA WOLF 53
ZO9200

その名声を揺るぎないものとした名作の復刻

1953年に発表された初の本格ダイバーズ、ゾディアックシーウルフ。大胆なデザインの夜光インデックスやスチール製の回転ベゼルまで、その歴史的意匠の数々がここに蘇った。

Spec
ケース素材：ステンレススチール
ケース直径・幅：40 mm
パワーリザーブ：44時間
定価：170,000円
自動巻き　中型

Comment
ゾディアックの大ヒットモデルがゾディアックシーウルフ。標準的な機構に独創的な見た目を合わせて、性能が高いということで人気を得ました。Ⓔ

老舗ブランドの新たなる挑戦

1882年、創業者のアリスト・カラムがスイスのル・ロックルに小さな工房を開いたのがその始まり。1908年にはムーブメントの製作をはじめ、1930年代には自動巻機構や耐震装置、1940年代にはパワーリザーブ表示、1950年代には初の大衆向け本格ダイバーズ、1960年代には電子腕時計やハイビート機構、1970年代には世界最薄のクオーツ時計等、その歩みはまさに挑戦の連続である。

2012年にSTPを傘下に入れ自社ムーブメントの〝STP1-11〟を開発。現代のゾディアックは、自らのヒストリカルピースの復刻を通じて、新たな挑戦を続けている。

第4章
もっと腕時計を知る

高級ブランド時計にどんなコレクションがあるのか把握したら、次のステップに進もう。その歴史や背景、取り巻く現状を知ることで、腕時計の素晴らしさがより見えてくることだろう。

腕時計の仕組みをひもとく

14世紀に建設された教会の塔時計をルーツとする機械式時計。今では我々の腕に装着できるほど小さくなった機械式時計であるが、その中には少なくても100個、多いと2000個を超える部品が組み込まれ、極めて精密な機構の連携で日々の時を刻んでいる。ここでは価値を知る上でも大切な、時計の仕組みを解説しよう。

腕時計は、地球が太陽の周りを1年間かけて1周する運動から生まれた暦、具体的には1年＝12カ月、1日＝24時間、1時間＝60分、1分＝60秒という単位で構成される時間とその流れを、腕の上に収まる小さなケースの中で人工的に再現し「何時何分」という時刻として教えてくれる精密機械だ。そして、どんな腕時計にもこの時刻の基本となる1秒を刻む（定義する）こと、そしてこの1秒を基準にして時間を数え「何時何分」という時刻を表示すること、この2つの仕組みを必ず備えている。

この仕組みを、何をエネルギー源にして、できるだけ正確に動かすか。このことに人間は知恵を絞ってきた。

そして人類が長い歴史の中で〝発明〟し、現在広く使われているのが、機械式とクォーツ式、2つの方式だ。

機械式とは帯状のバネ、つまりゼンマイに蓄えられた力を、腕時計を動かすエネルギー源にするもので、手巻き式と自動巻き式がある。携帯できる機械式の時計が誕生したのは16世紀末、今から400年以上前のことだが、腕時計サイズが一般的になったのは20世紀半ば、今からまだわずか約70年ほど前のこと。

そしてクォーツ式の腕時計が初めて製品として販売されたのは1969年、今から約50年ほど前のことだ。

手巻き式はリューズを手で回し、歯車を経由してゼンマイを巻き上げる。自動巻き式は、手巻き式と時計の基本的なメカニズムはまったく同 ↙

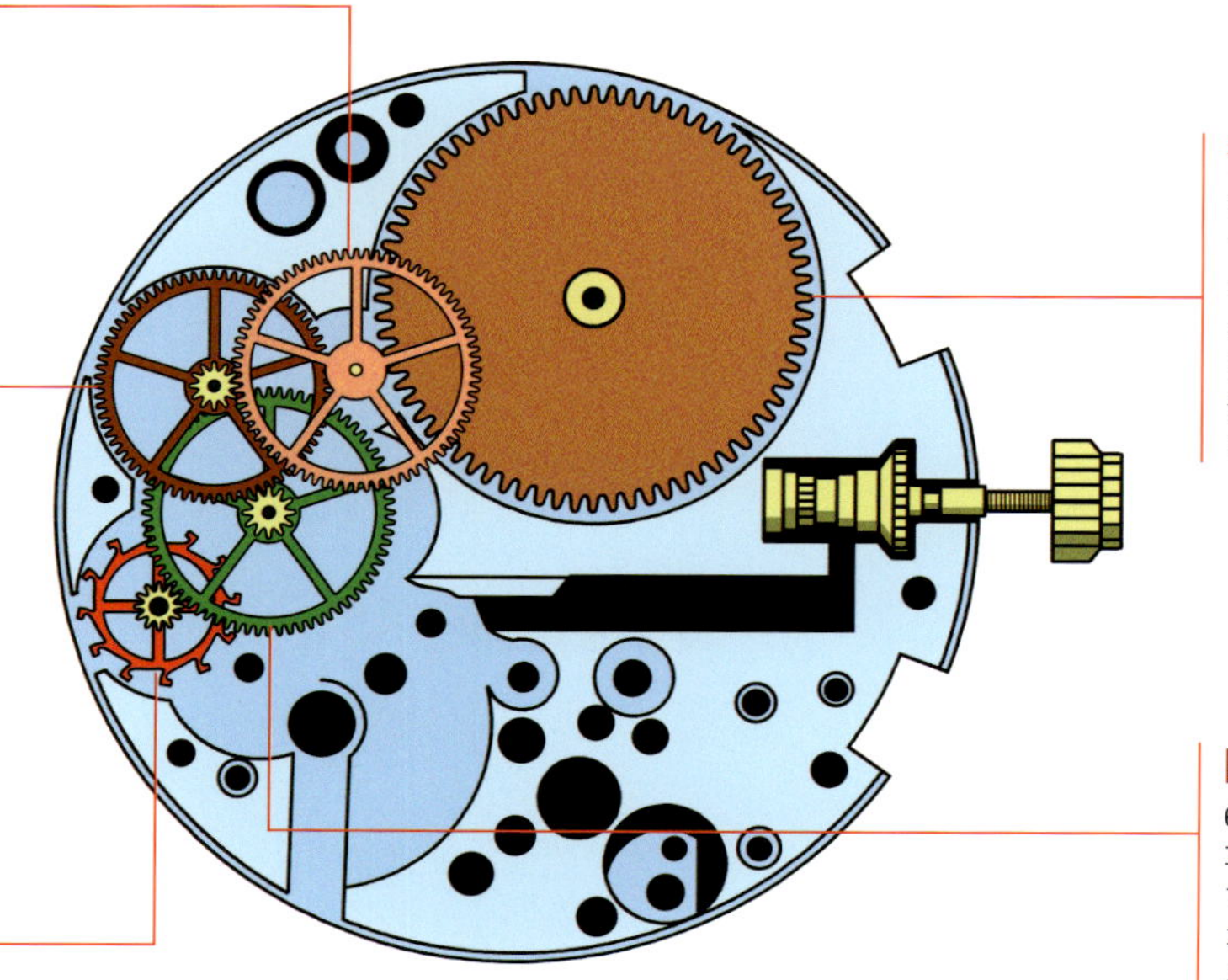

二番車
1時間に1回転する歯車で、ダイヤル上で分針を動かす設計になっている。香箱の力が軸の下部にある「カナ」という小さな歯車に伝わって回転する。

三番車
二番車（分針）と四番車（秒針）の間で両者の回転を調整する。「筒車」というパーツともつながり、筒車は三番車の回転を減速して、時針を動かす。

ガンギ車
爪がギザギザしている特殊な形状の歯車。アンクルという部品とともに「脱進機」を構成し、調速機の規則正しい動きを時計の針を動かす歯車へと伝える。

香箱
全体の動力を蓄積するゼンマイが入った箱。リューズを巻くとゼンマイが巻き上げられ、ゼンマイが元に戻ろうとする力が二番車を動かす。

四番車
60秒で1回転する歯車で、秒針を動かしている。スモールセコンド式の時計は、この歯車の軸の上に針がある。そのほか、ガンギ車にも力を伝える。

【機械式時計の主な名称】

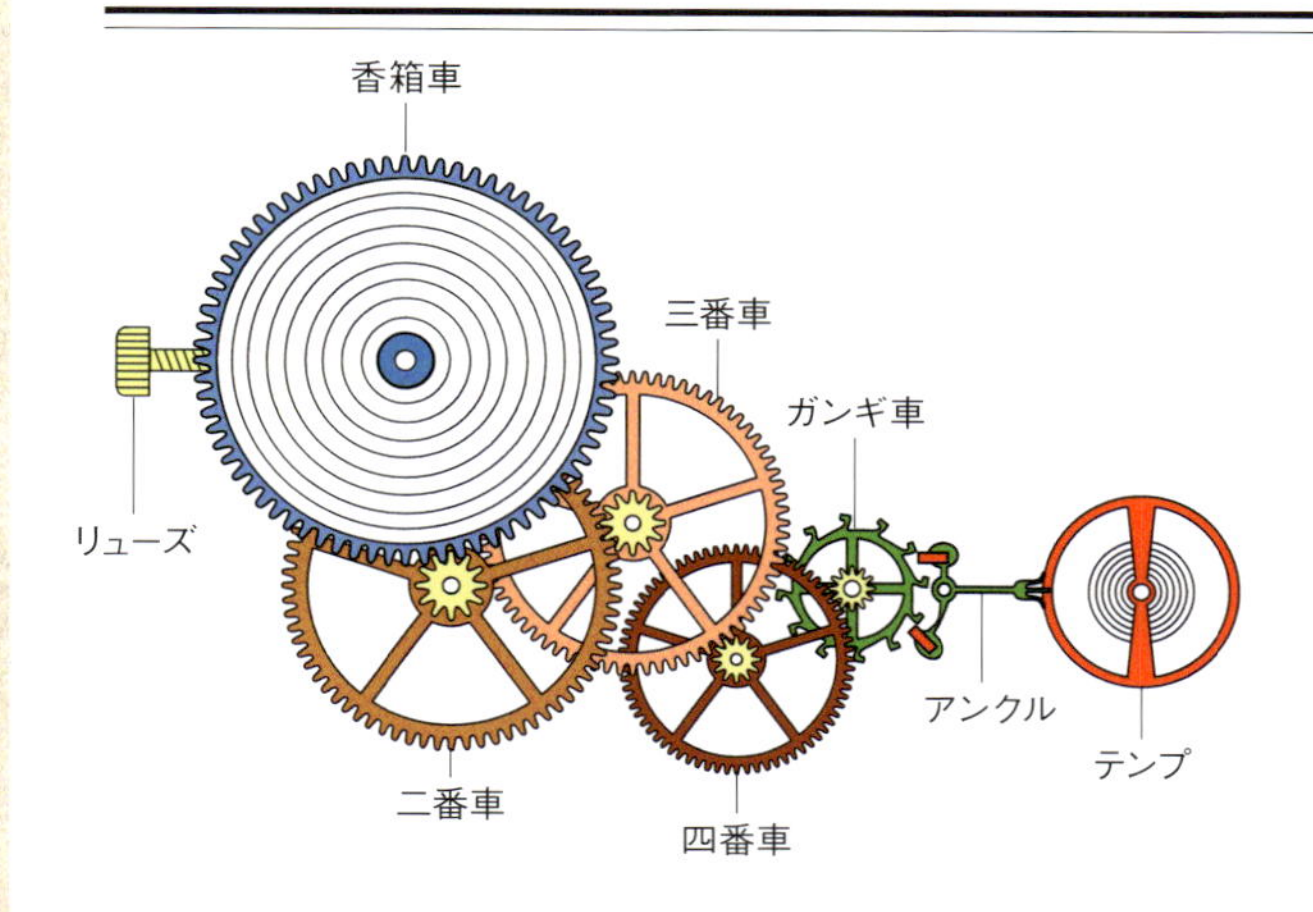

脱進調速機で時を刻む【機械式】

香箱という部品の中にある、巻き上げられたゼンマイは、一気に解けて力を放出しようとする。このエネルギーを、アンクルとガンギ車、ヒゲゼンマイとテンプという部品で構成される「脱進調速機」というメカニズムを使って、規則正しく少しずつ解放しながら、歯車を使ってまず秒針を動かす。そして、この秒針のエネルギーを輪列と呼ばれる歯車の組み合わせで分針、時針に伝えて動かし、時刻を表示するのが機械式である。

自動巻き機構

自動巻き機構は重力の力で回転する錘の力をカムや歯車を使って香箱に伝え、自動的に腕時計のゼンマイを巻き上げるもの。1920年代から30年代にかけて開発された。錘が左右どちらか一方の方向に回転する時だけゼンマイが巻き上げられる片方向巻き上げ、左右どちらの方向に回っても巻き上げられる両方向巻き上げ式、2つのタイプがある。

機械式の約100倍の精度【クォーツ式】

電池をエネルギー源に、発振回路に付けられた水晶振動子を1秒間に32,768ヘルツ（3万2768回）という超高速で規則正しく振動（発振）させる。そしてこの超高速の電気信号を、分周回路を使って制御信号に変え、この信号に基づいてステップモーターに電力を供給、1秒間に1回、正確に秒針を動かす。さらにこの秒針の動きを、歯車輪列を使って分針、時針の動きに変え、時刻を表示するのがクォーツ式。機械式の約100倍の精度を持つ。

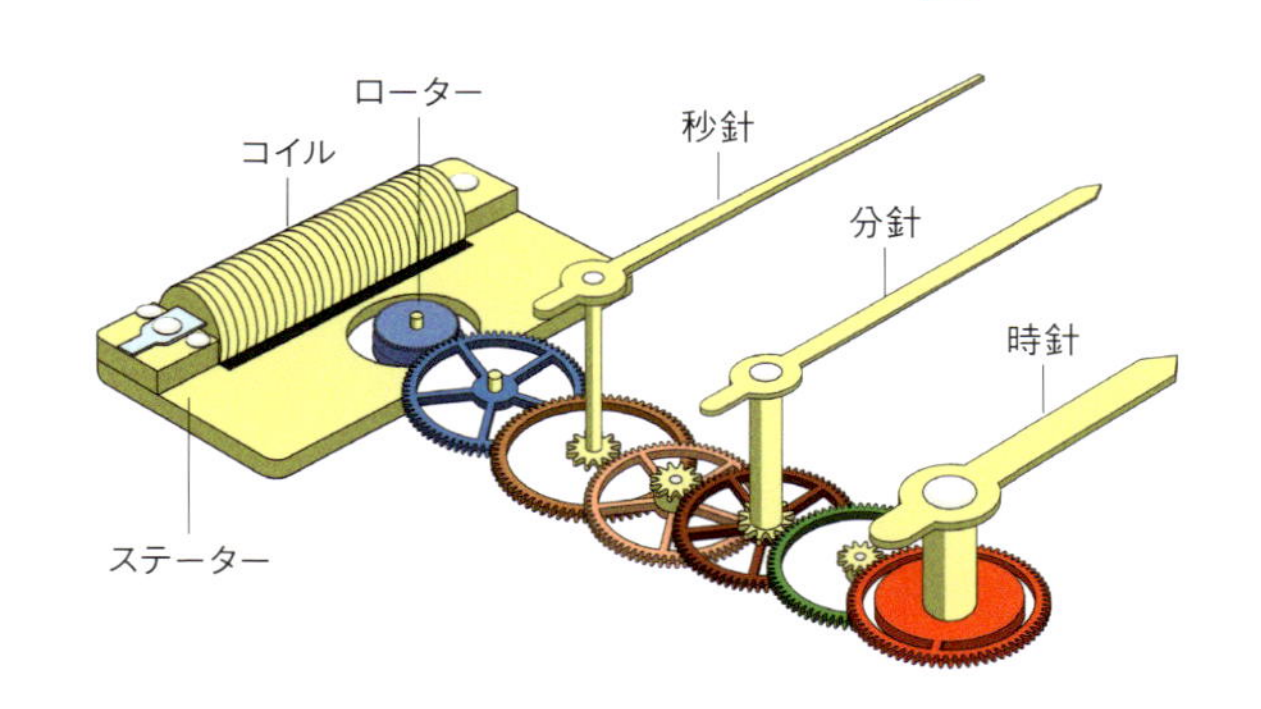

じ。加えて、腕に着けられて時計の位置が地球の中心に対して変化する際に、ケースの内部にセットされた回転式の錘がおもりの役割をして、地球の重力に引っ張られる力でゼンマイを巻き上げる。つまり、腕に着けているだけで自動的にゼンマイに力が蓄えられ、動き続けるのだ。

一方、クォーツ式はゼンマイではなく、電池に蓄えられた電気の力でモーターを動かす方式。このモーターを1秒刻みで正確に動かす制御回路にクォーツ（水晶）振動子と呼ばれる部品が使われているので、クォーツ式と呼ばれている。クォーツ式には、文字盤に組み込んだソーラーセルで発電し、その電気を二次電池にためることで電池交換を不要にしたものや、正確な時刻情報が含まれた標準電波やGPS衛星の電波を受信して時刻を自動的に修正し、秒単位まで正確な時刻を表示できるものもある。近年では、スマートフォンとBluetooth無線通信で接続して、さまざまな操作や付加機能を実現している。

解説・文／渋谷ヤスヒト

時計&モノジャーナリスト。1995年から現在まで20年以上にわたり、スイスの2大時計フェア、あらゆる時計ブランドの工場取材を続けてきた。スイス、日本の時計業界に多彩な人脈を持ち、新作時計ばかりでなく、スイスや世界の時計産業の現状にも詳しい。またモノ情報誌の編集者として1994年以前から携帯電話やパソコン、デジタルカメラなどデジタル機器や家電製品の取材経験も豊富で、最新のスマートウォッチにも精通する。日本時計学会正会員。編著にセイコー腕時計の歴史を一冊にまとめた『THE SEIKO BOOK』（1998年/徳間書店刊/絶版）がある。

腕時計の扱い方と日々のお手入れ

機械式、電子式に限らず、腕時計は身の回りにあるものの中で、最も精密で複雑なアイテムの1つである。とくに機械式は、スマートフォン以上に実はデリケートで壊れやすい。適切な扱い方をきちんと理解して、故障につながる間違った扱い方をしないことが大切だ。

精密機械である腕時計にとって、一番の大敵は水（湿気）と強い衝撃、そして強い磁気だ。

時計の内部に水分が入ると、風防の内部が曇ってしまう。こうなると、湿気で内部の歯車やバネ、電子回路が腐食して、徐々に壊れていく。ケースの内部に水が入らないよう、腕時計を着けたまま流水で手を洗うこと、リューズを引いたまま放置することは絶対に避けよう。

また、強い衝撃や磁気はクォーツ式でも一時的にトラブルを起こすことがあるし、機械式の場合には歯車やバネなどの金属製のパーツが磁化して引っ張り合い、進み遅れや止まりの原因になる。

腕時計を外したとき、スマートフォン、ヘッドフォンと一緒に腕時計を置いておかないようにしたい。機械式の場合は特に、磁気にはくれぐれも注意が必要だ。

また汗や雨や飲み物などで濡れた場合はもちろん、腕から外した後は、水道水に浸し堅く絞った布でケースやブレスレットを一度拭いて汚れを落とし、その後に乾いた布で拭いておくのが望ましい。

このとき、めがね拭きのようなハイテククロスを使えば、風防やケースに付いた細かな汚れを落として、ピカピカに仕上げることができる。

時計の防水性とは?

どんな時計もケース内部に水が入ったら必ず壊れる。そのため、時計を購入する際は、自分の使う状況に合わせた防水性を備えているか、確認することが大切だ。防水性の表記には、日常生活用防水（一般的に3気圧）、水仕事用防水（一般的に5気圧防水）、10気圧防水、100メートル防水、200メートル潜水用防水、などの表記がある。なお、10気圧防水と100メートル防水は同じスペックのように思えるが、前者は静的な防水性を示したもの。とくにスポーツに使う場合は、メーカーに問い合わせるなど、防水性があるかどうかをしっかりと確認しておきたい。

【時計のために避けたい行為】

PCを一緒に置くこと

強い磁力を帯びると機械式時計は正しく動かなくなる。PCのほか、テレビ、電子レンジなども同様だ。

流水で手を洗うこと

精密機器である機械式時計。防水性のある時計であっても、無闇やたらに水に触れるのは避けたい。

スマホと一緒に置く

スマホもPCと同じく強い磁力を発する機器。分かっていても意外と一緒に置きがちなので要注意。

腕時計の汚れの落とし方

各パーツの具体的な汚れの落とし方を紹介。定期的に行うようにしよう。

【ケース】

1 ガラスとベゼルの溝や裏面の溝などは爪楊枝など細いもので重点的に。溝をなぞるように優しく。

2 月に一度か二度はブラッシング。表から裏へと、掃除のルーティンを決めておくのがコツだ。

3 表面に付着する汚れはサビのもと。金属を傷つけない時計専用のクロスで日頃から拭き掃除を。

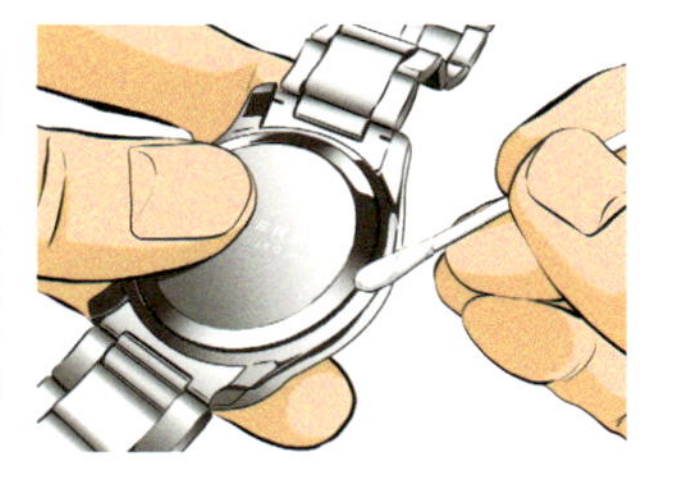

4 細かな溝の仕上げは綿棒を使うと便利。定期的にブレスレットを外して、ケースとの境目もお掃除。

【ブレスレット】

1 日常的にマイクロファイバー製などの専用クロスで皮脂や汚れを拭く。裏側もしっかりと。

2 メタルブレスレットはコマの間に汚れが溜まるので、歯ブラシなどでやさしくブラッシング。

3 細かな汚れは爪楊枝で掻き出したり、中性洗剤を使ってブラッシングするのも有効だ。

【革ベルト】

1 革ベルトは汗やその他の水分を吸収しやすいので、常に布などを持ち歩いて小まめに拭き取るように。乾燥させるときは日陰に置こう。

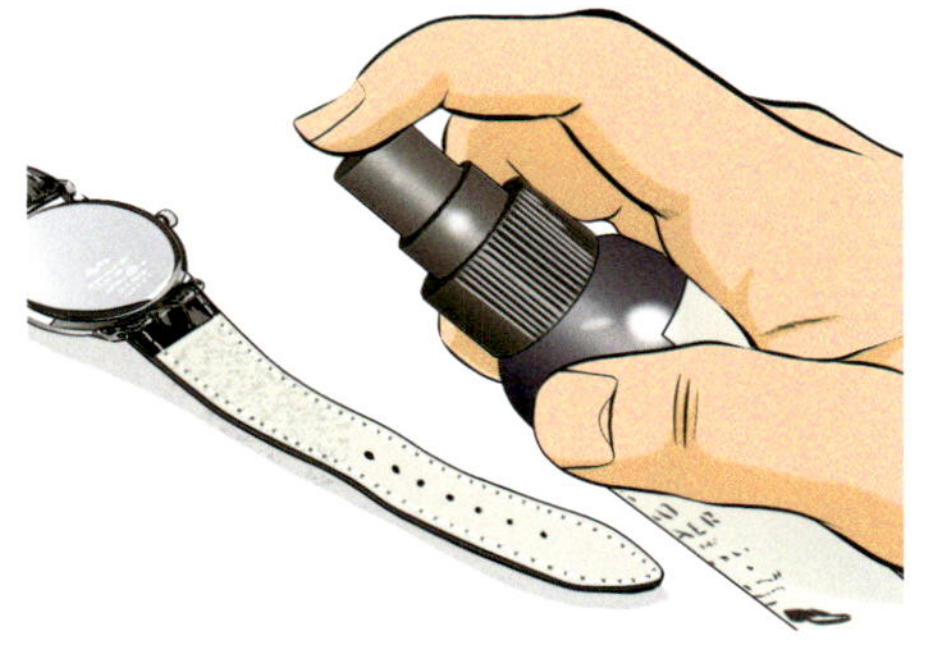

2 肌に触れる内側にはニオイがつきやすいので、革ベルト用の消臭スプレーなどをササッとかける。できれば夏場は革ベルトの着用は避けたい。

買うときのこと、メンテナンスのこと……etc

腕時計の素朴な疑問

いざ、高級時計を買おうと思っても、最初は不安だらけのはず。どこで買ったらいいか？ オーバーホールの頻度は？ 最近のトレンドは？ ここでは時計初心者が持つであろう疑問にお答えしていこう。不安もこれで解消だ！

Q1 高級腕時計はどこで購入したらいいですか？

A 輸入、国産を問わず製品についての正確な知識を持ち、正規のアフターサービスが受けられる正規の販売代理店での購入がおすすめです。ディスカウントストアでは、正確な知識や正規のアフターサービスは残念ながら期待できません。

Q2 10万円以下から100万円以上の時計までありますが、値段の差はどこにあるのでしょうか？

A 高価な時計には理由があります。ケースや文字盤の素材や仕上げ、ムーブメントが組み込まれたメカニズムの複雑さ、素材の品質やその仕上げの美しさ、調整にかかる時間、耐用年数などが大きく違います。

Q3 長く使える時計はどんなものでしょうか？ おすすめを教えてください。

A 名門や老舗ブランドの、クラシックなデザインと機能、シンプルなメカニズムの定番モデルが一番のおすすめ。派手なデザインのものは飽きが来るのも早いもの。また、凝った機構のものは修理も難しくメンテナンスが大変です。

Q4 「いい時計」の基準を教えてください。

A 「時を知る道具」の基本である精度と耐久性に優れ、いつまでも飽きのこない「時代を超越した」デザイン、さらに快適な着け心地を備えていること。また、興味深い歴史や個性など魅力的なストーリーが背後にある時計でしょう。

Q5 現在の腕時計のトレンド・流行を教えてください。

A リーマンショックが起きた2008年以前は、ケースが大きく（直径45ミリ前後かそれ以上）分厚く押しの強いデザインのものが人気でした。しかし今は直径40ミリ以下でケース厚が薄め、シンプルでクラシックな製品も注目を集めています。

Q6 初心者向けの価格帯はいくらくらいが目安ですか？

A 購入するブランドとモデルで大きく違うため、一概にはいえないもの。たとえば、スイス製の機械式のシンプルなモデルの場合は20万円から30万円、国産の場合は3万円から10万円前後がスターティングプライスと考えるとよいでしょう。

Q7 並行輸入品でも、正規のアフターサービスを受けられますか？

A 正規品と同等のアフターサービスは期待できません。また、正規の輸入代理店でアフターサービスが受けられても、正規輸入品よりも高額な料金が設定されていることがほとんどです。買うなら正規輸入品をおすすめします。

Q8 中古品を買う場合、状態の良さの見分け方を教えてください。

A 腕時計の中古品のコンディションは時計の素人が見分けられるものではありません。ゆえに、中古品の購入はおすすめしません。ただ、正規代理店がメンテして販売する認定中古品は安心です。

Q9 クォーツ式、機械式、それぞれの魅力を教えてください。

A クォーツ式は機械式よりも理論的に約100倍の時間精度を持ち、機械式よりも格段に手頃な価格が魅力です。一方、機械式にはクォーツ式にはない、歯車の動きや大きな作動音などアナログな機械ならではの味わいが魅力です。

Q10 手巻き式はどれくらいの頻度や回数、ゼンマイを巻けばいいですか？

A 機械式モデルでは、時計のスペック表に「約72時間（約3日間）」など、パワーリザーブ（ゼンマイをフルに巻き上げたときの最大駆動時間）が記されています。この時間を参考に、巻き上げる習慣をつけましょう。

Q11 機械式の自動巻きモデルも、ときどき手で巻いた方がいいですか？

A 自動巻きモデルには、手巻きもできる「手巻き機能つき」と、手巻き機能を省略して、手巻きができないタイプがあります。手巻き機能つきのものを毎日でなく時々使うなら、使い始めにまずリューズを使い手で巻くことをおすすめします。

Q12 ダイバーズウォッチなら、お風呂やプールにそのまま入ってもいいでしょうか？

A JIS規格やISO規格をクリアした本物のダイバーズなら、確かに風呂やプールに入れる防水性はあります。しかしお風呂の高い温度は、防水性を実現しているパッキンやメカニズムにダメージを与えるのでおすすめしません。

Q13 ストラップやブレスレットの交換は自分でできますか？

A 最近は高級時計でも、自分で簡単にワンタッチで交換できるタイプのストラップやブレスレットを採用したものがあります。このタイプは自分で交換できます。しかし通常のタイプは特別な工具と技術が必要でおすすめできません。

Q14 オーバーホールはどれくらいの頻度でするものですか？

A 製造された年代、機械のコンディション、使い方で大きく変わりますが、最新の機械式腕時計なら約3年~4年程度が目安です。また、ダイバーズは本気でダイビング等に使うなら約2年ごとに防水パッキンの交換と防水テストが必要です。

Q15 オーバーホールはどれくらいコストがかかりますか？ 見積もりやキャンセルはできますか？

A オーバーホールの費用はブランドやモデルで大きく異なります。機械式のシンプルモデルでも、パーツの消耗具合では10万円を超えることもあります。正規代理店なら必ず見積もりをしてくれるので修理前に必ず確認を！ 見積もり費用は無料の場合もあります。

Q16 腕時計の着脱・装着中の注意点はありますか？

A 精密機械なので、家具や壁にぶつけたり、床に落とすなどして強い衝撃を与えないこと。また、強い磁石を使っているヘッドフォンやスマートフォンのスピーカー、携帯電話、デジタル機器に近づけないことです。

Q17 長期で腕時計を使わない場合の最適な保管方法は？

A 湿気と強い磁気が腕時計の天敵なので、シリカゲルを入れた密閉容器などに入れて、テレビやスピーカーなど強い磁気を放つ家電製品から離れた場所に保管するのが一番です。

Q18 もし故障したらどこで直してもらえばいいですか？

A 正規販売店、正規輸入代理店を通して正規のアフターサービスを受けることをおすすめします。非正規の修理サービスには純正の部品も技術もノウハウもないため、致命的な故障を招くことも珍しくありません。

オーソリティーが語る時計の魅力とは？

並木浩一 腕時計の美学

ここまでいろいろなブランドの時計を紹介したが、気になるモデルは見つかっただろうか？ ここでは、時計評論家の並木浩一氏に時計の魅力と選び方のコツを教えていただいた。ぜひ、参考にしてみてほしい。

腕時計は実用面だけで語りきれない存在

時計は1本だけじゃなく、2本、3本と買ってもいいんですよ。時間を測るための、あくまでも実用的なものなら1本で十分でしょうが、スマホを見れば容易に時間がわかる現代で、時計はもはや実用面だけでは語りきれない存在になっています。いえ、むしろ実用面が重視されなくなったからこそ、そうではない魅力がよりわかりやすくなったともいえるでしょう。

現代における腕時計は、美学やエピソードやストーリー、ヒストリーなどを身に着けるものといえます。たとえばオメガのスピードマスター。1970年、月に向かっていたアポロ13号は、酸素タンクの爆発という大事故に見舞われました。乗組員たちが地球に戻るためには、残り少ない燃料を使ってエンジンをふかして、大気圏に突入するしかない。制御用のコンピューターは完全にダウンしていました。そこで乗組員は機械式の時計であるスピードマスターを使って、エンジンをふかす時間を測ったんです。宇宙飛行士の命を救った腕時計。もはや伝説を超えたサーガですよね。そうなると、僕の中ではこれは買っていい時計ですみたいな、

なみき こういち
横浜生まれ。時計評論家、桐蔭横浜大学教授。京都造形芸術大学大学院博士課程修了。著書に『男はなぜ腕時計にこだわるのか』（講談社）、『腕時計一生もの』（光文社）、『腕時計のこだわり』（ソフトバンク新書）などがある。

ラインを超えます。

　モデルではなくブランドにも、美学のたぐいはあります。僕が好きなのはミネルバ。純粋なミネルバ製はアンティークでしか手に入らなくなりましたが、かつてはストップウォッチのエキスパートでした。僕は、時計というものを突き詰めていくと、もはや時刻を測る必要はないのではないかと感じることがあります。そう考えると、時間を切り取っていく装置としてのストップウォッチにとても惹かれるんです。ミネルバはストップウォッチだけで100種類以上ありますから、集めるのが大変なんです（笑）。

　つまり時計それぞれが持っている個性があって、それを強調するものとしてエピソードだったり、ストーリーだったり、時計によっては壮大なサーガがある。そこに惹かれるんですよね。

　もうひとつ、身体性を強く意識させるのも腕時計の魅力でしょう。時間を調べるときにスマホを取り出すのか、腕を上げて腕時計を確認するのかで、所作から受け取るイメージはだいぶ変わりますよね。後者のほうが単純に格好いいし、その動きにフェティシズムさえ感じる人もいるでしょう。そんな、「日常の中にある非日常」をつくり出せるところも、腕時計ならではです。

並木氏が所有するミネルバの腕時計。黒い文字盤が「ミネルバ キャリバー 20」、ピンクが「ミネルバ ピタゴラス」。

腕時計を買うときのコツ　いちばん大事なのは直感

　腕時計を買うときのコツとしては、身の丈に合ったものを選んでは「いけない」。ちょっと無理して、いいものを買ったほうがいい。手が出ないからと安いものを買うと、すぐに飽きてしまう。飽きるというのは、自分が成長したということでもあります。せっかくなら、成長してもなお愛着の持てるようなもののほうがいいんじゃないでしょうか。

　それから、自分の目で見てときめいたかどうかも大事にしてほしいと思います。機能や値段も重要ですが、いちばん大事なのは直感です。ゲーテも、「直感は誤らない、誤るのは判断のほうである」といっていますしね。

　でも、直感を補強するためにスペックで理論武装するのはありだと思いますよ。「直感でいいと思った理由は、こういうスペックがあるから」と、自分の「好き」とは何かを見つめてみるのも面白いでしょうね。

　とくにときめく時計がないなら、信頼できる人がすすめてくれるというのも目安です。まわりにすすめてくれるような人がいない、あるいはもっと広い視野で、自分をよりよく見せてくれる時計を見つけたいという場合は、時計屋さんに聞きましょう。「時計のことがよくわからないんですが、どんな時計がいいですか」と尋ねて、その日のうちに売ろうとしないのがいい時計屋さんです。愛着を持って長く使うものだから、ちゃんと考えてからまた来て下さいというスタンスなんですね。

　時計は、買うこともまたストーリーです。ただ単に物を買うのであれば、どこで買っても同じだし、通販を使ったっていい。そうじゃなくて、目で見、手で触れて買うことで、自分仕様にカスタマイズされるんです。同じ時計が世の中にたくさんあっても、私だけの時計というのはストーリー化してカスタマイズしないと、どうしても出来あがらない。その一連の流れがいいものであったかどうかは、どうやって買ったかに多分に関わってきます。

　腕時計好きには、人生を楽しんでいる人が多い気がします。現代における時計の魅力にも通じるところがあると思いますが、自分の人生に対して否定的だったり、自己評価が低かったりするのに、時計にはこだわっている人というのはいないんです。時計好きは、自分の人生を肯定している。だから僕は、他人がこだわりの時計を着けているのを見るのも好きです。ハッピーな感じがするんですよ。

　皆さんも、ぜひ、こだわりの1本を見つけてみてください。

現行品にない魅力が満載!!

アンティークウォッチのススメ

時代を超えて人から人へ継承されてきたアンティークウォッチ。
ヴィンテージ感あふれる独特の風合いがここにきて注目を集めている。
現行品にはない妙味をおすすめモデルと合わせて紹介しよう！

ブライトリング クロノマット

フライトプランに必要なデータを算出できる回転計算尺機能を備えたパイロットウォッチ。希少性の高い第1世代の後期モデルで、耐久性に優れるCal.ヴィーナス175を搭載する。1950年代。ステンレススチール。

アンティークウォッチとは一般的に、腕時計が普及し始めた1930年代からクォーツ時計が台頭するまでの1960年代に作られた時計のことを指す。ケースに耳をあてると、ムーブメントの鼓動を聞くことができるが、これがアンティーク時計の時代に支流だった、毎時1万9800振動などのロービート仕様を採用している。

当時の機械式時計は機械による大量生産でなく、多くの作業を職人の手によって作り上げていくのが主流。たとえば、文字盤は手間をかけて塗り込み、針は時間を惜しまず丁寧に加工。ムーブメントには高級素材を採用し、耐久性の高さを生み出した。アンティークウォッチはまさに伝統的な技術で作られた時計なのである。

その高品質な作りは、実は一生モノとしてふさわしい。半世紀を経た現在でも動き続けているように、正しい使用を心がければ、末永く愛用できる。

機械式時計の原点であるアンティークウォッチ。これよりその魅力をたっぷりと紹介していこう。

プロが教える アンティークウォッチの楽しみ方

世界にふたつと存在しない自分だけの時計を楽しんで

「最大の魅力は個体ごとによって異なるレトロな表情です。アンティークウォッチは長い年月の間さまざまなユーザーの元で時を刻んできました。当然、1本、1本使われ方が違ってきたため、文字盤の経年変化の具合やケースに入った小傷の程度など、同じモデルでも違ってきます。つまり、同じものはふたつとして存在しません。まずは、自分だけの時計として楽しんでもらえると思います。

興味を持ち始めて多くの時計を見ていくと、目が肥えていきます。そうなると、自分の好きなブランドを集めて、デザインの変遷を追うのも楽しい。ワインと同じように自分と同じ誕生年のモデルを購入する方もいらっしゃいます。

現在生産されてないアンティークウォッチとの出会いは、一期一会。そんな〝運命〟の1本を探すところから、アンティークウォッチとの楽しい付き合いが始まります」（ケアーズ・川瀬友和さん）

ケアーズ代表 川瀬友和さん

アンティークウォッチショップ「ケアーズ」を東京に3店舗展開。業界屈指の知識でファンから高い信頼を得る。

ロレックスから見る機械式時計黄金期の変遷

1970年代 デイトジャスト

優れた精度と耐久性の高さから自動巻きの完成形と称えられるCal.1570を搭載。リューズを引くと秒針が止まるハック機構を備え、正確な時刻合わせを可能にした。ベゼルはホワイトゴールド製。

1960年代 GMTマスター

専用のGMT針と24時間表記をあしらった回転ベゼルで第2時間帯を確認できる人気パイロットウォッチの第2世代。破損を防ぐためにリューズガードを装備する。ケース径39.5ミリ。

1950年代 ターノグラフ

ロレックスで初めて回転式ベゼルを備えた、スポーツウォッチの原点とされるモデル。当時としては大型な35.5ミリ径ケースに自動巻きCal.A260を搭載する。ステンレススチール×ゴールド。

1930年代 オイスターバイセロイ

29.5ミリの小振りな樽型オイスターケースにCOSC認定の手巻きムーブメントを搭載。アラビア数字インデックス、スモールセコンドの組み合わせが当時の主流デザインだった。

買って後悔なしのおすすめモデルを厳選

「タイプ別」アンティークウォッチ図鑑

アンティークウォッチを代表する特徴は3タイプに大別できる。名店ケアーズが厳選したおすすめモデルとともに紹介しよう。

TYPE 1 長い年月が作り上げる唯一無二の表情に酔いしれる レトロな雰囲気

腕時計黎明期の時計を狙うべし

1930年代～1940年代は、視認性や機能性などを向上させるため、各ブランドが試行錯誤を重ねた時期。ツートンカラーを用いた文字盤や防水性を確保するために特殊な加工を施したケースなど独特なデザインが見られる。アンティークウォッチのなかでもレトロな意匠を味わいたい人にぴったりといえる。

オメガ
レクタンギュラー

クリップ式の特殊な構造で角形ケースながら防水性を確保。文字盤外周のレイルウェイトラック装飾やフラットなアラビア数字インデックスなど、アール・デコ様式のデザインが古き良き時代を感じさせる。1940年代。

エテルナ クロノグラフ

絶妙な色合いのイエローゴールドケースにクロノグラフCal.バルジュー22を搭載。テレメーターやタキメーターなどの緻密な目盛りを配した文字盤デザインがクラシカル感満点だ。1940年代。

グライシン
ラウンドモデル

アワーマーカーと時分針に施した夜光が経年によりヴィンテージ感あふれる色合いに変化。タグつき未使用のため素晴らしい状態を維持しており、生産当時に近い状態を楽しめる。1940年代。

TYPE 2 世代を超えて継承されることを前提に手間をかけた作り込み
傑作ムーブメント

採算を度外視した高級仕様のムーブメントを搭載

現在とは違って大量生産システムによる製作ではなかったアンティークウォッチは、1点、1点、手間をかけて作り込まれている。ゆえに傑作と称されるモデルが多数存在。とくに機械式時計の心臓部であるムーブメントには、大型テンプや肉厚のパーツ、手作業による丁寧な仕上げが施された名機が数多く誕生している。

Cal.281

日付、曜日、ムーンフェイズ、クロノグラフを搭載する多機能ムーブメント。テンプを衝撃から保護するインカブロック機構を装備。手巻き。

ユニバーサル トリコンパックス

クロノグラフの製作を得意とした同社の最上級ライン。ねじ曲がったような形状のツイストラグが特徴で、ケース左側のボタンでカレンダーとムーンフェイズを調整できる。ケース径35.5ミリ。

Cal.30CH

名機と賞賛されるほど高い人気を誇る手巻きクロノグラフムーブメント。滑らかな操作性や高い耐久性を誇るコラムホイールを備える。

Cal.853

IWCが開発した画期的なペラトン自動巻き機構を搭載。ゼンマイを巻き上げるローターの回転を、片方向でなく双方向にすることで高効率化を実現。

IWC インヂュニア

現在もIWCの看板モデルとして高い人気を誇るインヂュニア。磁気の影響を受けやすいムーブメントを軟鉄製インナーケースで覆い、優れた耐磁性を確保した。ケース径36ミリ。

ロンジン クロノグラフ

18Kイエローゴールドケースを纏った高級感あふれる横二つ目クロノグラフ。文字盤外周に赤字でテレメーター、青字でタキメーターを配した古典的なデザインだ。ケース径38ミリ。

TYPE 3
人気ブランドやゴールドモデルをお手頃なプライスで狙える
お買い得価格

リーズナブルな価格ながら機械式の醍醐味を味わえる

アンティークウォッチではリーズナブルな価格設定のモデルをよく見かける。例えば、人気ブランドのオメガでも10万円台からという手頃なプライスで購入可能で、これは現行品では考えらないことだ。当然コスパも高く、初めての機械式時計ならアンティークウォッチを選ぶのもおすすめだ。

ロンジン ラウンドモデル
参考相場 17万5000円

文字盤内周に24時間表記をあしらうことで昼夜時間を瞬時に確認することが可能に。視認性に優れた大きなアラビア数字インデックスや操作性の高い大型リューズなど実用性の高さを追求した作り込みだ。手巻き。1940年代。

チュードル オイスターデイト
参考相場 18万円

通常の1.5倍のサイズに拡大するサイクロップドレンズを備えた日付表示は、奇数の日を赤、偶数の日を黒で表すユニークな仕様。通称「デカバラ」と呼ばれる人気のバラ装飾を12時位置に配す。手巻き。1950年代。

オメガ 30mmモデル
参考相場 26万円

耐久性と精度に優れた手巻きCal.30を搭載し、1930年代～1960年代に高い人気を博したロングセラーモデル。スモールセコンドやブルーリーフ針など気品のあるデザインを備える。1930年代。

アンティークウォッチを買うなら名店ケアーズで!!

森下本店
状態の良いモデルを厳選し、自社修理工房を併設する名店ケアーズの旗艦店。月に2回以上海外への買いつけを行っており、お店に訪れる度に新しい時計に出会える。

●東京都江東区森下1-14-9 ●03-3635-7667 ●平日 10時～19時 ／土曜・日曜・祝日 11時～19時 水曜日休

東京ミッドタウン店
メンズとレディースをともに揃えるケアーズ唯一の店舗。上品なデザインの時計や色や素材にこだわったストラップを豊富に展開。

●東京都港区赤坂9-7-4 東京ミッドタウン ガレリア3F D-0319
●03-6447-2286
●11時～21時 不定休

表参道ヒルズ店
世界的にも珍しい女性用アンティークウォッチ専門店。ロレックスやオメガを中心に幅広いブランドを揃える。

●東京都渋谷区神宮前4-12-10 表参道ヒルズ本館B1F
● 03-6912-0316
●月曜ー土曜 11時～21時 ／日曜 11時～20時 不定休

※参考相場は為替などの影響により大きく変動する可能性があります。

アンティークウォッチならではの

メンテナンス&使い方

繊細なアンティークウオッチは、現行品以上に取り扱いに気を使いたい。絶対知っておきたい基本知識から意外と知られていない正しい使い方を大公開!!

△ パーツを交換すると価値が著しく下がる

消耗品は交換しても価値は落ちない

アンティークウォッチはどれだけオリジナルに近い状態を維持しているかが重要。とくに経年変化した文字盤や小傷が付いたケースにメンテナンスを加えることは価値を大きく下げる要因になるので注意したい。一方で、時計の機能性に関係してくるパッキンやリューズ、風防などの消耗品パーツは、価値に影響することはない。

価値に影響が出るパーツ

ケース
小さな傷が付くとキレイにしたくなるケース。だが、何度も研磨して痩せ過ぎると、オリジナルの状態と異なってしまうため価値は下がる。

ダイアル
アンティークウォッチの妙味である経年変化した文字盤。それを再塗装や交換してしまうことはご法度。価値の著しい低下は避けられない。

○ メンテナンス対応が整っているお店で購入する

末永く使い続けるための必須条件

機械式時計は3～5年に1度のオーバーホールが必須。故障などのトラブルも決して少なくないので、保証やメンテナンス体制が整ったお店で購入するのが正解だ。個人売買やネットでの販売は、後々メンテナンスに困る原因になるので避けたほうがベター。

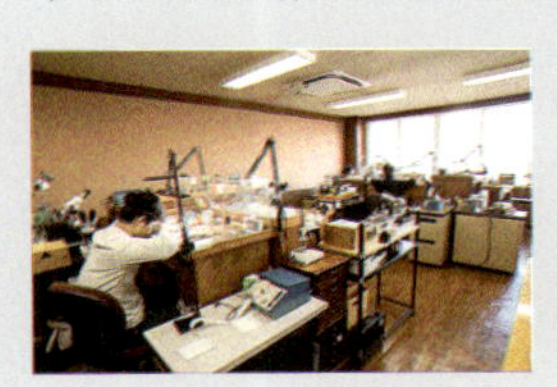

「ケアーズ」では自社工房を設置。潤沢なパーツ在庫を抱えており、メンテナンス体制は万全。

× 着けていないときも時計を動かし続ける

2カ月ぐらいなら止まっていてもOK

メンテナンスしてある時計は、止まったままの状態で保管しても不具合は起きない。故障を心配して、わざわざ毎日ゼンマイを巻く必要はないのだ。

ただし長期間動かさないのはNG。内部の油が固まらないよう、3カ月に1度はゼンマイを巻こう。

△ 1本の時計を毎日ずっと使用する

できれば2、3本をローテーションで使う

1本の時計を毎日装着し続けると、傷むのが早くなる。靴と同じように、数本をローテーションして使用することが理想だ。もし、1本をずっと使うのであれば、夏場は装着しないなど時計を休ませる期間を設けよう。

気温差でも影響も受けるデリケートな機械式時計。四季のある日本では,できれば複数の時計を使い回したい。

× 密閉したボックスに保管する

湿気がこもって時計にダメージを与えるかも

防水性の低いアンティークウォッチは、通気性の良い場所に保管することが大事。梅雨の時期などに密閉したボックスに収納すると、革ベルトにカビが生えたり、最悪の場合、内部機構にサビが発生する可能性もある。

空気の通り道がある革のケースなど、通気性に優れたアイテムに収納するのがおすすめ。

独立時計師の工房を訪ねて

天才時計師だけが所属できる、スイスの「独立時計師アカデミー」に、30歳の若さで入会した菊野昌宏さん。喧騒とは無縁の静かな環境に佇む彼の工房を訪れ、匠の職人技と時計作りに対する熱い想いに迫った。

日本の伝統を取り入れた独創的な機構で喝采を浴びる

企業に所属している一般の時計師に対して、個人で工房を持ち時計を製造している職人を独立時計師という。設計からパーツ製造、組み立て、調整、完成までをひとりで作り上げるため、ひとつの工程に精通していればいいわけではなく、幅広い知識と総合的な技術が求められる。いわば機械式時計制作のスペシャリストだ。

その権威として認められているのが、フィリップ・デュフォーやフランク・ミュラー、アントワーヌ・プレジウソなどを擁する国際的な団体「独立時計師アカデミー（AHCI）」。菊野昌宏さんは2013年に日本人で初めて同団体の正規会員として入会。現在、世界中から注目される時計師として活躍している。

菊野さんの時計作りにはふたつ

プロフィール

菊野昌宏（きくの まさひろ）

1983年2月8日生まれ。2008年、ヒコ・みづのジュエリーカレッジ卒業。2013年、日本人で初めてのAHCI正会員として入会。世界から注目される時計師のひとり。
http://www.masahirokikuno.jp/

左から、精度を安定させる複雑機構をすべて手作業した「トゥールビヨン 2012」、折鶴が舞いながら美しい音を奏でる「折鶴」、伝統技法の木目金を文字盤に施して、ふたつと存在しない模様を表した「木目」、2011年に作った和時計を小型化した「和時計 改」。

写真上／時計工房の1階。菊野昌宏さんは言葉を丁寧に紡ぎながらインタビューに答えてくれた。
写真下／キズミ（ルーペ）やピンセット、さまざまな工作道具が並ぶ作業机。ここから世界を魅了した傑作モデルが生まれた。

2015年バーゼルワールドで発表した菊野さんの代表作品「和時計 改」。江戸時代以前の時刻制度「不定時法」を取り入れており、季節によってインデックスの位置が自動で変化する。独自開発した内部機構を搭載したことで、2011年の前作より大幅な小型化に成功。日本独特の文化を継承する腕時計として、世界の時計関係者から高い評価を獲得している。

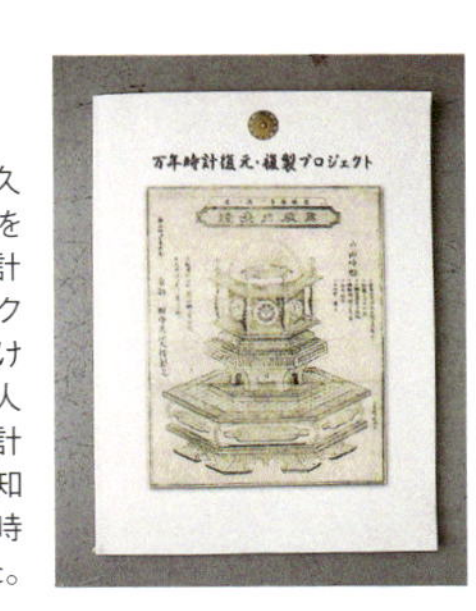

約160年前に田中久重が作った和時計を分析した『万年時計復元・複製プロジェクト』。これがきっかけで、菊野さんは先人たちが手作業で時計を作っていたことを知り、自身もひとりで時計を作ることを決めた。

の特徴がある。ひとつは一般的な時計製造と比べて圧倒的に手作業が多いこと。例えば、歯車ひとつを取っても大きく違う。時計ブランドでは最新の自動機械によって大量に作られるが、彼は工作物を切削する機械のハンドルを手で回して、わずか数ミリほどの歯を一枚一枚切っていく。受けのエッジをヤスリで削ったり、スチール部品の焼入れ焼戻しをするなど、仕上げも昔ながらの伝統技法を採用。結果、ケースや文字盤はもちろん、針、インデックス、ムーブメントを構成する輪列や地板など細かな部品のほとんどを自身で製造しているのだ。

「今は機械を使えばいくらでも安くていい製品を作れます。しかし、人間の手作業で時間をかけて丁寧に作ることは簡単なことではありません。そこに大きな価値があると思うのです。結果だけではなく、どのように作られたのかという過程も楽しんでいただければ、満足度も違うと思うんです」

もうひとつの特徴は、日本の伝統文化を機構とデザインに取り入れていることだ。例えば、2015年に発表した代表作品の『和時計改』。

「江戸時代に使われていた不定時法を自動表示する機構を腕時計サイズにしました。不定時法では夜明けから日暮れを6等分、日暮れから夜明けまでを6等分します。つまり、昼と夜の長さが季節によって変化するので、インデックスの位置が変化するのが特徴です」

2013年に発表したリピーターウォッチの『折鶴』はいかにも日本人らしい作品だ。時刻を知らせる音に合わせて動くカラクリに、和のイメージが強い折鶴を選択。角形のケースデザインは日本の船箪笥に着想を得ているし、文字盤には独特の波模様を表現する伝統技法の木目金を採用するという徹底ぶりだ。

「自国の文化や歴史は望んで得られるものではありません。長い歴史の中で紡がれた文化こそ貴重なものです。日本人が日本の伝統文化を形にし、世界に発信することが大事だと思っています」

誰よりも時計を愛する菊野さん。彼が今後どんな作品を世に送りだすのか、ぜひ注目したい。

手作業にこだわる至高の機械式時計製作に完全密着

独立時計師・菊野昌宏さんが生み出す美しきタイムピースはどうやって作られるのだろうか？構想・設計から時計の完成に至るまでその全貌をここに記そう。

1 構想・設計 機構やデザインなどを考案する時計作りの土台

何気ない瞬間に独創的なアイデアが閃く

常にメモ帳とペンを持ち歩き、閃いたアイデアはすぐ記録。そこから構想を練り、手書きとコンピューターでパーツひとつひとつの大きさや配置を設定。外装デザインや内部機構を理論的に詰めていくため、ミクロン単位の緻密な計算が必要とされる工程だ。

写真左／歯車の比率や部品サイズなどを書き込んだメモ帳とコンピューターで製作した図面。右上／初期の『折鶴』のデザイン。和箪笥から着想を得て現在の形に（P135参照）右下／これまでのアイデアはメモ帳数十冊に及ぶ。

2 製作 時計を構成する部品を手作業で製作

わずか1ミリほどのパーツに1日かけて製作することも

設計図をもとに地板や歯車、受けなど時計を構成するほとんどのパーツを手作業で製作。その際に使用するのは、金属板を切断する糸鋸、部品の形を整えるヤスリ、歯車の歯数や軸などを加工する旋盤の三つの工具がメイン。見た目やハンドルの手応え、ときには切削油の匂いに至るまで五感をフル活用して削り具合を見極める。長年の経験と鍛え抜かれた集中力がものをいう作業だ。

写真左／旋盤にセットした丸棒を回転させ、刃物を押し当てて丸棒を削り出す。軸となる部品を加工していく作業だ。右／フライス盤という工作機械で歯車の歯数を切り出す。繊細な作業のため、顕微鏡で覗きながら、材料を回して歯をひとつずつ切り出していく。

写真左／糸鋸を上下に動かして金属板を切断していき、部品を製作。右上／習熟すれば細かな加工も可能で、歯車のスポーク部分の曲線部分をきれいに切り取ることもできる。右下／菊野さんはトゥールビヨンのキャリッジも糸鋸を使って切り出す。ここまで手作業で制作することは、独立時計師のなかでも極めて珍しい。

3 仮組み 製作したパーツを組立てて機構が正しく動作するかチェック

手作りの時計は多くの調整作業が必要

輪列やカレンダーの部分的な確認から始まり、最終的には時計全体を組立てて動作をチェック。機械による大量生産ではどうしても部品に無駄な遊びが出てしまうが、手作業ではパーツ同士の噛みあわせを最適な間隔で調整する。その他の不具合もこの時点で修正。

パーツ同士の接触具合を確認。遊びが大きいと動力のロスにつながり、逆に小さすぎると機構が動かなくなる。精密な調整を念入りに行う。

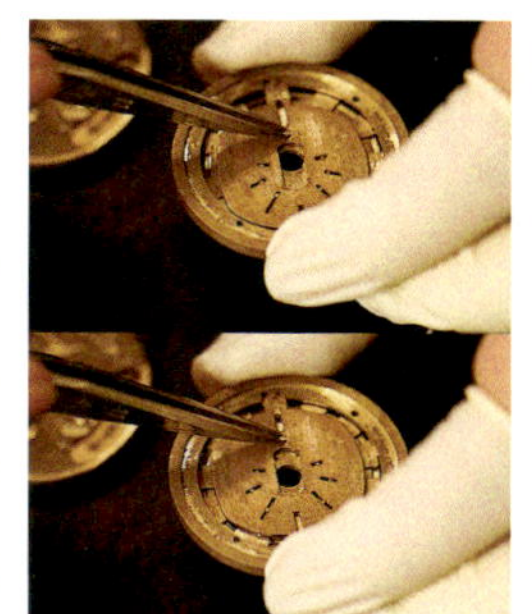

季節によって一刻の長さが変化する不定時機構のベース部分。ピンセットで機構を上下に動かして、インデックスの動きをチェックする。

4 仕上げ 装飾や面取り加工を施して時計全体に気品を与える

細部へのこだわりが時計として美しさを決める

時計としての審美性を最大限に引き出す工程。ガーネットの粒を使った梨地加工と呼ばれる表面仕上げや、ヤスリを使ったエッジ部分の加工などを施す。とくに面取り加工の手作業は雲上クラスの高級ブランドでもコンプリケーションクラスの機種にしか実施されていない。まさに至高の職人技なのである。

写真左上／加工前の真鍮素材。表面に筋目が入り、角が切り立った状態だ。左下&中央／ゴツゴツと形のガーネットの粒を水と混ぜてボトルに入れ、約1メートルの高さから真鍮パーツに当てる。右下／これを数十回繰り返すことで、表面が美しい梨地模様になる。

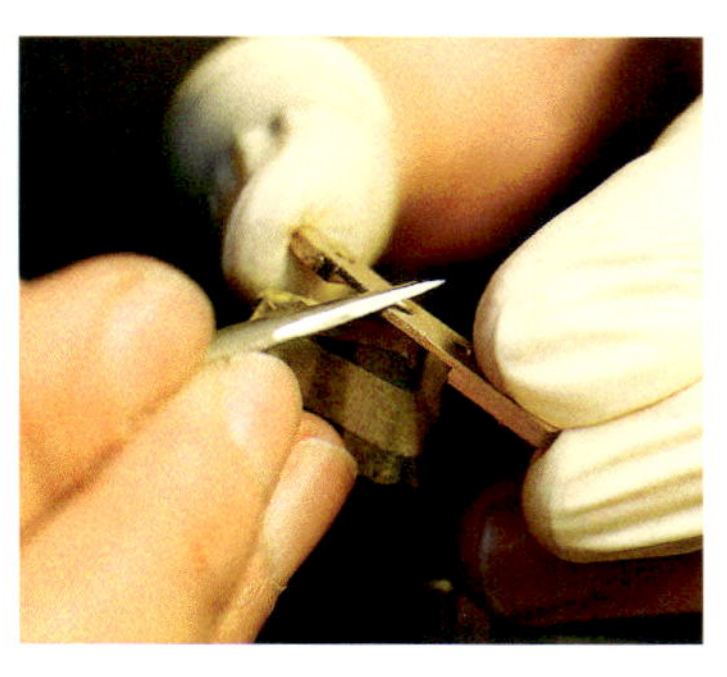

パーツのエッジ部分をヤスリで削る面取り加工。決まった数値を削ればいいわけではなく、全体のバランスを見て調整することが重要となる。エッジとエッジがぶつかりあう部分がとくに難しく、面取りする幅と角度のバランスなど繊細な感覚がものをいう作業だ。

最後に木の棒にダイヤモンドペーストを付けて、鏡面仕上げを施せば仕上げは完成。表面には光を反射させる細かい凹凸模様がきらめき、エッジ部分は絶妙な立ち具合と美しい輝きを放ち、時計全体に気品を与えている。

5 最終組立て 細心の注意を払って時計を完成させる

今までの試行錯誤が報われる至福の瞬間

ムーブメントの精度を調整した後にすべての部品を組立てる。最後にケースに入れて、防水検査をすれば完成だ。仮組みの段階で細部の調整は終えているが、仕上げが終わった部品を扱うので細心の注意を払う。

不定時機構の組立て。この段階では失敗や不具合が発生する可能性は低い。

ムーブを載せる前のケース。完成状態では見えなくなるところにも美しい装飾が施されている。

History of Watches

腕時計の歴史

時計の歴史は、人類の文明の発達とともに、
日時計、砂時計、水時計など紀元前まで遡る。
腕時計の誕生から普及、スイス時計の隆盛、
現代のグループ化の流れにいたるまでを
ひもといていこう。

写真／Everett Historical

量産型腕時計誕生のきっかけとなった人物、アルベルト・サントス・デュモン。本国のブラジルでは「飛行機の父」、「飛行機王」などと呼ばれているという。

写真／TeePhoto

時計の起源といえる日時計。紀元前4000年頃にエジプトで誕生したといわれている。

時計年表

1300年代	脱進機付き機械式時計が発明される
1500年頃	ニュルンベルクの錠前職人が動力ゼンマイを発明
1700年代	アブラアン－ルイ・ブレゲ（フランス）が巻上げヒゲを発明
1720年	ジョージ・グラハム（イギリス）がクロノグラフの原理を考案
1735年	ブランパン創業
1755年	ヴァシュロン・コンスタンタン創業
1757年	トーマス・マッジ（イギリス）がレバー脱進機を発明
1775年	ブレゲ創業
1791年	ジラール・ペルゴ創業
1801年	ブレゲがトゥールビヨン・レギュレーターの特許取得
1802年	ブレゲの「マリー・アントワネット」完成
1830年	ボーム&メルシエ（ボーム兄弟会社）創業
1832年	ロンジン、レギュール・ジュンヌ&アガシ商会を設立
1833年	ジャガー・ルクルトのアントワーヌ・ルクルトがアトリエ設立
1839年	パテック フィリップのアントワーヌ・ド・パテックとフランソワ・チャペックが、パテック・チャペック社創設
1845年	パテック フィリップが、ミニッツリピーター懐中時計発表
	グラスヒュッテ・オリジナル創業
	A.ランゲ&ゾーネ創業

時計は文明の歴史とともに発達してきた

時計の誕生は紀元前4000年頃のエジプトの日時計といわれている。その後、水時計、燃焼時計、砂時計を経て、機械の仕組みで時を計る、機械式時計が誕生したのは、1270年頃のイタリア～ドイツ周辺であった。1400年頃になるとゼンマイが登場することにより、時計は小型化し、1510年にはドイツで初めての懐中時計の誕生となる。

腕時計は、当初は女性用の装身具であり、ブレスレットウォッチだった。男性用時計の主流はずっと懐中時計だったが、戦争が男性の腕時計の需要を高めた。懐中時計より、素早く時間を確認できるのだ。1879年に、ドイツ皇帝ヴィルヘルム1世が、ドイツ海軍用に、革製のリストバンドとガラス保護の金属格子のついた懐中時計をジラール・ペルゴに注文した記録がある。ただ、この腕時計は懐中時計のリューズの位置を改造して革ベルトに固定したもので、腕時計とはいいがたい。

戦争によって大きく発達した腕時計の技術

男性用腕時計として最初に商業的に量産されたのは、1911年に発売された、カルティエのサントス・デュモンだった。ブラジルの貴族、アルベルト・サントス・デュモンが、時間を見るのにいちいち懐中時計では面倒くさいという理由から、カルティエにオーダーしたのだった。その後、勃発した第一次世界大戦により、懐中時計から腕時計に大きな進化を遂げることになる。多数の兵士でのミッション遂行のための精度、銃を持ちながらの時間認識、そして砂や泥にまみれた塹壕の中での耐久性など、今日の腕時計に必要とされるスペックの基本が、こうして生まれたのだった。

その後、腕時計の歴史における大きな技術革新は、自動巻きの誕生だ。1931年にロレックスが世界で初めてこの技術を腕時計で実用化させた。また1957年には、ハミルトンが今度は電池で動く時計を発表。そして1969年にセイコーがクォーツを発表したことで、スイス時計は壊滅の危機を迎えたのだった。

カルティエ サントス
世界初の腕時計と呼んでよい名作。現在も生産されている永遠の定番時計（写真はサントス100 LM）
Jeau Luc Drigout © Cartie

1846年	ユリス・ナルダン創業
1847年	ルイ・フランソワ・カルティエが、パリにアトリエを設立
1848年	オメガ創業
1850年	ウォルサム創業
1853年	ブランパンが「パーペチュアルカレンダー」を発明 レビュー・トーメン創業 ティソ創業
1854年	ルイ・ヴィトン創業 タイメックス創業
1856年	エテルナ創業
1858年	ミネルバ創業
1860年	ショパール創業 タグ・ホイヤー創業 パネライ創業
1861年	ユンハンス創業
1865年	ゼニスがマニファクチュール・ド・モントル社を設立
1868年	IWC創業
1874年	ピアジェ創業
1875年	ジュール・オーデマとエドワール・ピゲがアトリエ創設
1879年	ジラール・ペルゴが革ベルトの時計を海軍の発注により製作
1881年	セイコー創業
1882年	タグ・ホイヤーが世界初のスプリットセコンドクロノグラフ発表
1884年	ブルガリ創業 レオン・ブライトリングが時計工場創設

スイスが腕時計産業の中心国となった理由

時計といえばスイスであり、現在高級時計のほとんどはスイスで作られている。一般的には、スイスで時計産業が盛んなのは、空気と緑が美しい国なので、精密機械の組み立てに向いているといわれているが、歴史を調べるとさらなる理由が明らかになる。

もともと、時計メーカーは、宝石屋や鍵屋のギルドから派生して誕生した。フランスで時計作りの中心地だったのはパリとブロワで、ドイツでは、ニュルンベルクとアウクスブルクだった。パリが中心となった理由は、王侯貴族相手の宝飾産業が盛んだったためである。1540年には世界初の時計師のギルドが作られた。また16世紀はマルティン・ルターやジャン・カルヴァンがカトリック教会の腐敗を糾弾した宗教改革がヨーロッパ中に広まった時期だった。フランスではカルヴァン派は、対立するカトリック教会の弾圧により、本拠地のあった隣国のスイスへ逃げたのだった。これらカルヴァン派には今でいうところのインテリ層も多く、その中にはパリの時計師たちもたくさん含まれていた。この逃避行動こそが、今日のスイスの時計産業の礎を築くことになる。

ジュウ渓谷からジュネーヴ郊外へ

スイスに持ち込まれた時計製造の技術は全土へ普及したが、とくにジュウ渓谷の地域に広がっていった。現在のスイスでの時計作りで多くの工場が集まっているのは、ジュウ渓谷の麓、ラ・ショー＝ド＝フォンとル・ロックルの隣接するふたつの町である。ラ・ショー＝ド＝フォンは、カルティエ、タグ・ホイヤーなどの工房があり、時計産業の中心地として知られ、世界最大級の時計博物館である国際時計博物館もある。また、プラ・レ・ワットというジュネーヴ郊外にある町は、ロレックス、パテック フィリップ、ヴァシュロン・コンスタンタン、ピアジェ、ショパール、ロジェ・デュブイ、フランソワ・ポールジュルヌ等々の大手メーカーが工房を構えている。ジュウ渓谷一帯は歴史的な時計の聖地であるが、現在の勢いはジュネーヴの方がある。

毎年春にバーゼルで開催される『バーゼルワールド』は、世界最大の時計と宝飾の国際見本市。各社の最新モデルやレアな時計などを見ることができる。　写真／バーゼルワールド

1885年	IWCが世界初のデジタル表示懐中時計発表
1895年	セイコーが国産初の懐中時計発売
1899年	カルティエがサントス・デュモンから腕時計製作を受注
1904年	オリス創業 カルティエ、初の男性用腕時計「サントス」完成
1905年	ロレックス創業
1910年	シャネル創業 ロレックスが腕時計として初のクロノメーター獲得
1911年	エベル創業
1912年	ロレックスが初めて日本に輸入
1913年	セイコーが日本初の腕時計発売
1915年	ブライトリングが世界初の腕時計型クロノグラフ発表
1916年	タグ・ホイヤーがマイクロクロノグラフ発表
1917年	ラドー創業
1918年	シチズン（尚工舎時計製作所）創業
1920年	オリエント（東洋時計製作所）設立
1922年	パテック フィリップ、スプリットセコンド・クロノグラフ付き腕時計製作
1925年	パテック フィリップ、永久カレンダーつき腕時計製作
1926年	ブランパン、自動巻き腕時計の試作品開発

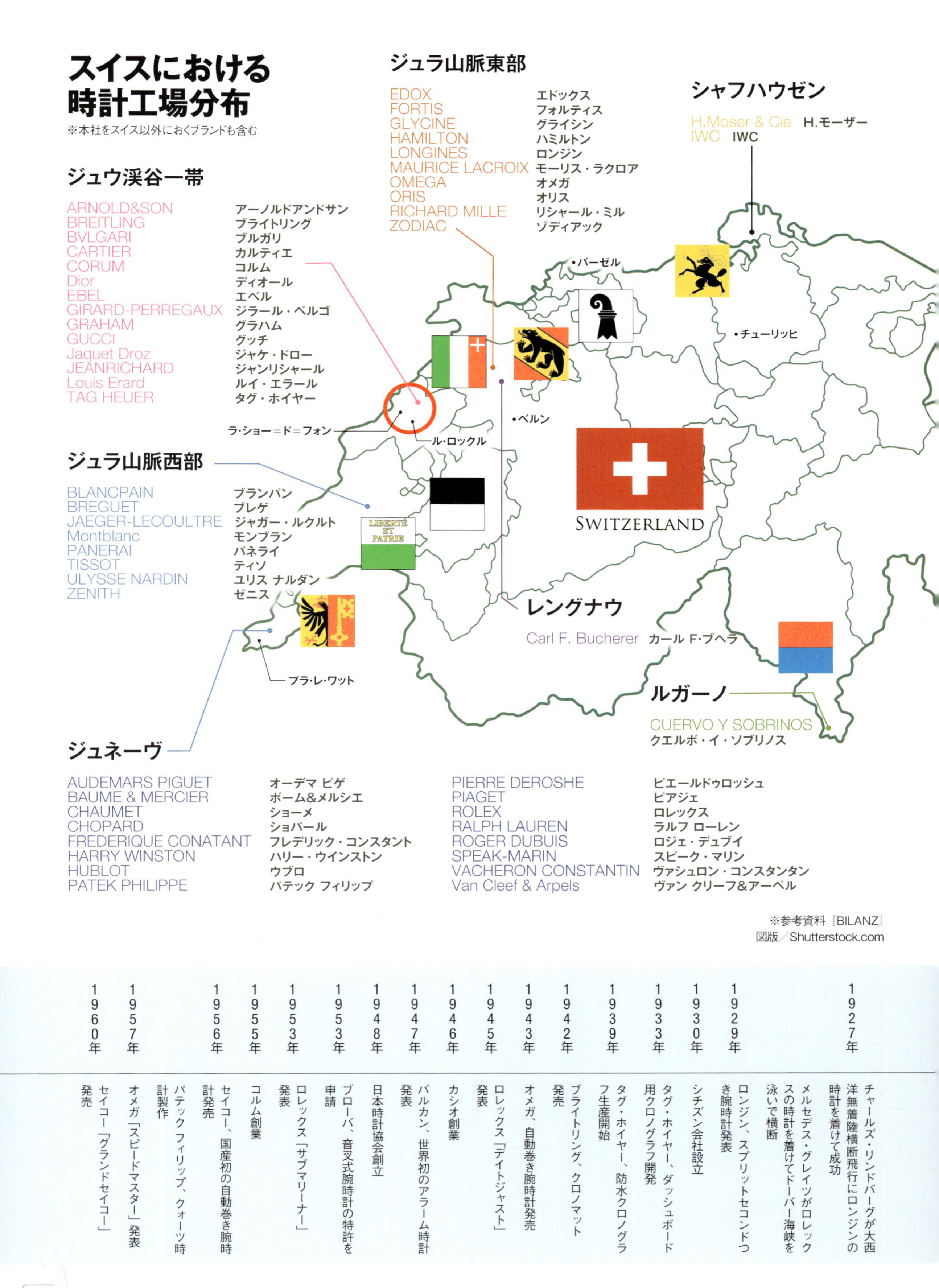

スイスにおける
時計工場分布
※本社をスイス以外におくブランドも含む
ジュウ渓谷一帯
ARNOLD&SON アーノルドアンドサン
BREITLING ブライトリング
BVLGARI ブルガリ
CARTIER カルティエ
CORUM コルム
Dior ディオール
EBEL エベル
GIRARD-PERREGAUX ジラール・ペルゴ
GRAHAM グラハム
GUCCI グッチ
Jaquet Droz ジャケ・ドロー
JEANRICHARD ジャンリシャール
Louis Erard ルイ・エラール
TAG HEUER タグ・ホイヤー
ジュラ山脈東部
EDOX エドックス
FORTIS フォルティス
GLYCINE グライシン
HAMILTON ハミルトン
LONGINES ロンジン
MAURICE LACROIX モーリス・ラクロア
OMEGA オメガ
ORIS オリス
RICHARD MILLE リシャール・ミル
ZODIAC ゾディアック
シャフハウゼン
H.Moser & Cie H.モーザー
IWC IWC
•バーゼル
•チューリッヒ
•ベルン
ラ・ショー＝ド＝フォン
ル・ロックル
ジュラ山脈西部
BLANCPAIN ブランパン
BREGUET ブレゲ
JAEGER-LECOULTRE ジャガー・ルクルト
Montblanc モンブラン
PANERAI パネライ
TISSOT ティソ
ULYSSE NARDIN ユリス ナルダン
ZENITH ゼニス
LIBERTE ET PATRIE
SWITZERLAND
レングナウ
Carl F. Bucherer カール F・ブヘラ
プラ・レ・ワット
ルガーノ
CUERVO Y SOBRINOS
クエルボ・イ・ソブリノス
ジュネーヴ
AUDEMARS PIGUET オーデマ ピゲ
BAUME & MERCIER ボーム&メルシエ
CHAUMET ショーメ
CHOPARD ショパール
FREDERIQUE CONATANT フレデリック・コンスタント
HARRY WINSTON ハリー・ウインストン
HUBLOT ウブロ
PATEK PHILIPPE パテック フィリップ
PIERRE DEROSHE ピエールドゥロッシュ
PIAGET ピアジェ
ROLEX ロレックス
RALPH LAUREN ラルフ ローレン
ROGER DUBUIS ロジェ・デュブイ
SPEAK-MARIN スピーク・マリン
VACHERON CONSTANTIN ヴァシュロン・コンスタンタン
Van Cleef & Arpels ヴァン クリーフ&アーペル
※参考資料『BILANZ』
図版／Shutterstock.com
1927年 チャールズ・リンドバーグが大西洋無着陸横断飛行にロンジンの時計を着けて成功
メルセデス・グレイツがロレックスの時計を着けてドーバー海峡を泳いで横断
1929年 ロンジン、スプリットセコンドつき腕時計発表
1930年 シチズン会社設立
1933年 タグ・ホイヤー、ダッシュボード用クロノグラフ開発
1939年 タグ・ホイヤー、防水クロノグラフ生産開始
1942年 ブライトリング、クロノマット発売
1943年 オメガ、自動巻き腕時計発売
1945年 ロレックス「デイトジャスト」発表
1946年 カシオ創業
1947年 バルカン、世界初のアラーム時計発表
1948年 日本時計協会創立
1953年 ブローバ、音叉式腕時計の特許を申請
1953年 ロレックス「サブマリーナー」発表
1955年 コルム創業
1956年 セイコー、国産初の自動巻き腕時計発売
1957年 パテック フィリップ、クォーツ時計製作
オメガ「スピードマスター」発表
1960年 セイコー「グランドセイコー」発売

巨大資本による老舗メゾン買収の流れ

１９７０年代に、クォーツが台頭したことで、機械式時計は時代遅れとなり、スイスの時計産業は壊滅的な打撃を受けた。しかし、その後１９８３年に誕生したスウォッチによって、スイスの時計産業は再び好景気を迎える奇跡のＶ字回復を遂げたのだった。

スウォッチはリーズナブルな価格とファッションとしての側面が売りの時計だが、同時期に機械式の良さを見直そうということで、機械式時計のブームが起きた。そのため、１００年以上の歴史を持つ老舗ブランドにも再び光が当たることになるのだが、そんな高級腕時計の売り上げが大きく伸びたのは、１９９０年代に入って、巨大コングロマリット（複合企業）による、ブランドの買収が進められた結果であり、現在の腕時計ブランドの特徴や関係性を読み解くためには、このグループ図を理解していなくてはならない。

今の時計業界は、まずスウォッチ・グループ、リシュモン・グループ、ＬＶＭＨグループの三つが大きな存在だ。それぞれの傘下にブランドを配し、その中でブランドごとにユーザー層が価格的にバッティングしないよう、マーケティングによる時計作りをしている。

時計だけに関していえば、エタ社やニヴァロックス社といったムーブメント専用メーカーを傘下に持つ強みも発揮したスウォッチ・グループがシェア№1で、リシュモン・グループがそれに続いている。

これからの腕時計 注目されるアジア

この三強以外にも、ソーウインドグループを傘下にしたケリンググループ、フランク・ミュラーを中心としたＷＰＨＨグループ、アメリカに本社のあるモバード・グループなどがある。また、これらグループに属さない、独立系メーカーとして、ロレックスやパテックフィリップといったビッグブランドが、孤高の存在として君臨しているのも興味深い。

さらに、巨大資本に属さない、独立時計師たちによるグループ、ＡＨＣＩもあり、これには日本人も加盟している。日本ブランドでは、完全マニファクチュールのセイコーを筆頭に、ブローバを買収したシチズン、Ｇ-ＳＨＯＣＫのカシオ、オリエントなどがある。

１９９０年代より始まった、主にファッション系巨大資本による腕時計業界再編の波は、これからどのようになっていくのだろうか。経済の法則でいえば、より強い資本を持つ企業が、経営的に苦しくなった老舗ブランドを買収するということは当然の流れといえる。であるならば、これからの時計の流れはアジアが鍵を握るのかもしれない。

1960年	ブローバ、音叉式腕時計発表
1961年	腕時計の輸入自由化
1963年	ロレックス「デイトナ」発表
1964年	セイコー、東京オリンピック公式計時採用
1965年	オメガ「スピードマスター」がNASA公式クロノグラフになる
1966年	ジラール・ペルゴ、ジャイロマティック開発
1969年	ブライトリング、タグ・ホイヤー、ハミルトンが世界初の自動巻クロノグラフを共同開発
	ゼニス「エル・プリメロ」発売
	オメガ、「スピードマスター」アポロ11号月着陸成功
	セイコー、世界初のクォーツ腕時計を発売
1970年	ハミルトン「パルサー」発表
1970年代	この頃、スイスの老舗メーカーがクォーツの台頭で経営危機に
1975年	モーリス・ラクロア創業
1976年	ジョージ・ダニエルズがコーアクシャル脱進機発明
1978年	ジェラルド・ジェンタ創業
1979年	日本が腕時計生産数世界一に
1980年	ウブロ創業
1981年	オメガ、ジャック・マイヨールが「シーマスター」を使い素潜り世界記録達成
1982年	SMH（スイス時計マイクロエレクトロニック総連合）設立
1983年	スウォッチ創業

現代の代表的な時計ブランド・グループの分布

リシュモン グループ

カルティエを中心とする高級時計＆宝飾ブランドグループ。1991年にバーゼルフェアを離れたカルティエ、ピアジェ、ボーム＆メルシエが、グループ独自の新作発表会、SIHH開催するようになる。

VACHERON CONSTANTIN	ヴァシュロン・コンスタンタン
A. LANGE & SöHNE	A.ランゲ&ゾーネ
JAEGER-LECOULTRE	ジャガー・ルクルト
CARTIER	カルティエ
PANERAI	パネライ
IWC	IWC
ROGER DUBUIS	ロジェ・デュブイ
PIAGET	ピアジェ
Montblanc	モンブラン
BAUME & MERCIER	ボーム&メルシエ
RALPH LAUREN	ラルフ ローレン
Van Cleef & Arpels	ヴァン クリーフ&アーペル

LVMH グループ

LVMHとはルイ・ヴィトン・モエヘネシーの略。2003年にエベルを放出し、2008年にウブロ、2011年にブルガリを傘下に収めた。

BVLGARI	ブルガリ
HUBLOT	ウブロ
TAG HEUER	タグ・ホイヤー
ZENITH	ゼニス
LOUIS VUITTON	ルイ・ヴィトン
Dior	ディオール
CHAUMET	ショーメ

スウォッチ グループ

世界最大のムーブメント専門メーカー、ETA社も属するスイス最大のグループ。ETA、フレデリックピゲ、ヌーヴェル・レマニアは他社にもエボーシュを提供している。

BLANCPAIN	ブランパン
BREGUET	ブレゲ
OMEGA	オメガ
HAMILTON	ハミルトン
TISSOT	ティソ
LONGINES	ロンジン
Glashütte ORIGINAL	グラスヒュッテ・オリジナル

ケリング グループ

フランスのグループPPRが2013年に社名変更。これに伴い、グッチグループ ジャパンもケリングジャパンに変更となった。

JEANRICHARD	ジャンリシャール
GIRARD-PERREGAUX	ジラール・ペルゴ
GUCCI	グッチ

独立系

AUDEMARS PIGUET	オーデマ ピゲ
Bell&Ross	ベル&ロス
BREITLING	ブライトリング
FORTIS	フォルティス
PATEK PHILHPPE	パテック・フィリップ
MAURICE LACROIX	モーリス・ラクロア
NOMOS Glashütte	ノモス グラスヒュッテ
ORIS	オリス
ROLEX	ロレックス
Sinn	ジン

日本

CASIO	カシオ
CITIZEN	シチズン
ORIENT	オリエント
SEIKO	セイコー

1985年 1986年 1987年 1990年 1991年 1993年 1994年 1996年 1999年 1999年 2000年 2006年

- クロノスイス創業
- カシオ、G-SHOCK発売
- IWC「ダ・ヴィンチ」発売
- フランク・ミュラー、手巻きトゥールビヨン腕時計発表
- アランシルベスタイン創業
- A.ランゲ&ゾーネ復興
- スウォッチ、クロノグラフ発表
- フランク・ミュラー創業
- ヴァンドームグループ（現リシュモングループ）設立
- ジャンリシャール創業
- ロジェ・ジュブイ創業
- レマニア、スウォッチグループの傘下に入る
- ゼニス、LVMHにの傘下に入る
- セイコー、スプリングドライブ発売
- タグ・ホイヤー、LVMHの傘下に入る
- ショーメ、LVMHの傘下に入る
- オメガ、コーアクシャル脱進機腕時計を発売
- ブレゲ、スウォッチグループの傘下に入る
- IWC、リシュモン・グループの傘下に入る
- セイコー、日本初のコンプリケーションウオッチを発売

■参考資料　日本時計輸入協会HP　腕時計新聞HP

Ambassadors & Testimonies

スターと高級時計の関係

ブランドの顔である、アンバサダーやテスティモーニ。
有効なマーケティング戦略の一環だが、起用した有名人が
ブランドイメージに直結するため人選は重要だ。その多彩な顔ぶれをここで紹介。

Eddie Redmayne
OMEGA

エディ・レッドメイン

俳優。1982年1月6日生まれ。イングランド出身。父は銀行頭取、兄は企業家と銀行重役、ケンブリッジ大学卒。『博士と彼女のセオリー』(2014)で、車椅子の物理学者として知られるスティーブン・ホーキング博士を演じ、アカデミー主演男優賞を初受賞。

Rosamund Pike
IWC

ロザムンド・パイク

女優。　1979年1月27日生まれ。イングランド出身。オックスフォード大学在学中から舞台やテレビで活躍。『ゴーン・ガール』で、夫を追い詰める妻を好演し、ゴールデングローブ賞、アカデミー主演女優賞にノミネートされる。

Hugh Jackman
Montblanc

ヒュー・ジャックマン

俳優。1968年10月12日生まれ。オーストラリア出身。『X-MEN』シリーズのウルヴァリン役、『レ・ミゼラブル』(2012) のジャン・バルジャン役として知られる。2008年には『ピープル』誌にて最もセクシーな男としても選出された。

アドリアナ・リマ

ファッションモデル。1981年6月12日生まれ。ブラジル出身。『ヴィクトリアンズ・シークレット』の特別広告塔のエンジェルとして知られる。2005年から継続して、フォーブス誌の調査で「世界で最も稼ぐモデル」として挙げられる、セックスシンボルのひとりである。

Adriana Lima
IWC

Karolina Kurkova
IWC

カロリナ・クルコヴァ

ファッションモデル。1984年2月28日生まれ。チェコスロバキア出身。17歳で『ヴォーグ』誌の表紙を飾り、2002年には、ヴォーグ・ファッション・アウォードのモデル・オブ・ザ・イヤーに輝く。2005〜08年、『ヴィクトリアンズ・シークレット』のエンジェルとして活動。

Kate Winslet
LONGINES

ケイト・ウィンスレット

女優。1975年10月5日生まれ。イングランド出身。『タイタニック』(1997)のヒロイン・ローズ役として一躍脚光をあびる。『愛を読むひと』(2008) で主演女優賞を受賞するなど、数々のアカデミー賞ノミネートの経験を持つ実力派。

Roger Federer
Rolex

ロジャー・フェデラー
プロテニスプレイヤー。1981年8月8日生まれ。スイス出身。グランドスラム男子シングルス最多優勝・歴代最長世界ランキング1位・通算獲得歴代最多賞金など、数々の記録を更新。史上最高のテニスプレイヤーとの呼び声が高い。

Stan Wawrinka
Audemars Piguet

スタン・ワウリンカ
プロテニスプレイヤー。1985年3月28日生まれ。スイス出身。2014年全豪オープン、2015年全仏オープン、2016年全米オープンの男子シングルスで優勝。北京オリンピックでは、ロジャー・フェデラーとダブルスを組んで金メダルを獲得した。2015年世界ランキング4位。

©Rolex/Gianni Ciaccia

Serena Williams
Audemars Piguet

セリーナ・ウイリアムズ
プロテニスプレイヤー。1981年9月26日生まれ。アメリカ出身。男女通じてシングルス、ダブルスともに、4大大会すべて制覇した、キャリア・グランドスラムを達成した唯一の選手である。生涯獲得賞金は全女子プロスポーツ選手のなかで史上1位。

ウォッチブランドと世界で活躍する才能たち

アンバサダー契約は、グローバルな活躍で知られる著名人と結ばれる。一般的にはアカデミー賞受賞の俳優・女優たちが、認知されているところだろう。なかには先に紹介したエディ・レッドメインのように「もともとブランドのファンだった」と公言する者も少なくない。

また、時間を計測することからスポーツとの関わりも深い。テニスの4大大会・グランドスラムでは、全豪オープン・ウィンブルドンはロレックス、全仏オープンはロンジン、全米はシチズンがオフィシャルタイムキーパーを務めており、トッププレイヤーたちは、

香川真司

プロサッカープレイヤー。1989年3月17日生まれ。日本・兵庫県出身。高校在学中にJリーグセレッソ大阪に入団。ブンデスリーガのドルトムント、プレミアリーグのマンチェスター・ユナイテッドを渡り歩き、ヨーロッパサッカーで活躍する日本の代表的選手である。

クリスティアーノ・ロナウド

プロサッカープレイヤー。1985年2月5日生まれ。ポルトガル出身。UEFAチャンピオンズリーグ3度制覇、5度得点王を獲得。ヨーロッパの年間最優秀選手に贈られるバロンドールを3度受賞。世界最高のサッカー選手のひとり。

総じてブランド各社と契約している。サッカーでは、タグ・ホイヤーが、年間最優秀選手賞・バロンドールに3度輝いた、クリスティアーノ・ロナウド、香川真司とアンバサダー契約。さらに、Jリーグのオフィシャルタイムキーパー契約も締結した。ブランドプロモーションの鍵となる、アンバサダーたちに注目し、映画やスポーツを鑑賞するのも面白い。

錦織圭

プロテニスプレイヤー。1989年12月29日生まれ。日本・島根県出身。2014年全米オープンで男子シングルス準優勝。日本人初、アジア男子初のグランドスラム4大大会シングルファイナリストである。リオデジャネイロオリンピックでは銅メダルを獲得。

高級ブランド時計ショップリスト

掲載した腕時計にコメントを寄せていただいたショップをはじめ、高級ブランドを取り扱う正規取扱店を紹介。

カミネ　トアロード店

Hyogo

めくるめくスイス時計の世界がひろがる

【店舗情報】
兵庫県神戸市中央区三宮町3-1-22
TEL：078-321-0039
営業時間：10:30〜19:30（不定休）
URL：http://www.kamine.co.jp

神戸・三宮で100年以上もの歴史を持つカミネの本店。1階には、カルティエ、シャネル、ブルガリ、ハリー・ウィンストン、及びジュエリー全般を、2階にはパテック フィリップをメインに専門店ならではの品揃えを誇る。“オーセンティック”をコンセプトにした本店は、古き良き神戸を感じる異人館から、新しい街並みの旧居留地をつなぐ象徴的存在で、他にも神戸、元町、旧居留地界隈に合計5店舗を展開している。

アイアイ イスズ　本店

Kagawa

ラグジュアリーかつ随一のバラエティーを誇る

【店舗情報】
香川県高松市多肥下町1523-1
TEL：087-864-5225
営業時間：11:00〜20:00（全店共通）
URL：http://www.eye-eye-isuzu.co.jp

香川県の高級時計の聖地といえばこちら。フィレンツェの「サンタ・マリア・デル・フィオーレ大聖堂」からインスパイアされたアイアイ イスズ　本店の外観と内観は美しく、初めて来店されるお客様もきっと魅了されるに違いない。この店の魅力は、国内最多レベルの正規取り扱いブランド数だけではなく、ここだけにしかないオリジナル商品やイベントの多さにあるという。

BEST新宿本店

Tokyo Shinjuku

価値を再確認し時計の魅力をあまさず届ける

【店舗情報】
東京都新宿区新宿3-17-12
TEL：03-5360-6800
営業時間：11:00～20:00
URL：http://www.ishida-watch.com/

地下1階から5階まですべてブランド時計で埋め尽くされた高級感あふれる空間。各々のフロアでテーマが設けられ、ブランドの世界観が存分に体感できる。「時計好きを増やす」ことを店の役割と考えているだけあり、知識豊富なスタッフが気軽に相談に乗ってくれる。系列店の「ISHIDA 表参道」では、新宿本店にはない個性的なブランドを多数扱っている。

和光

Tokyo Ginza

銀座の中心で高級時計を選ぶという愉悦を

【店舗情報】
東京都中央区銀座4丁目5-11
電話番号：03-3562-2111(代表)
営業時間：10:30～19:00　無休（年末年始を除く）
URL：http://www.wako.co.jp

銀座四丁目の交差点に位置する有名店。銀座のランドマーク的存在の時計塔は、毎正時にウエストミンスター式のチャイムに続き、時刻数の鐘を鳴らす。服部金太郎が創業した「服部時計店」(現セイコーホールディングス)が前身。1947年に創立し、機能美とトレンドを織り込んだデザインが愛され続けるプライベートブランドの時計の他にも、高級宝飾品や紳士・婦人用品、装飾品なども数多く揃える。

日新堂　銀座本店

Tokyo Ginza

日本各地に展開する老舗の時計専門店

【店舗情報】
東京都中央区銀座7-9-13
電話番号：03-3571-5611（代表）
営業時間：10:00～20:00（日・祝は19:30まで）無休
URL：http://www.nsdo.co.jp

1892年に創業。パテック フィリップ、ヴァシュロン・コンスタンタン、グランドセイコーなどのハイブランドを取り扱っている。丁寧な接客をモットーに、じっくり話を聞いてくれるので、時計を買うのに慣れていない人も安心だ。2016年10月15日にリニューアルオープンし、日本初となるパテック フィリップ専用のメンテナンスコーナーを併設した。

ISHIDA N43°　Hokkaido

グランドオープンして間もない道内最大級の時計店

【店舗情報】
北海道札幌市中央区大通西5-1-1
電話番号：011-200-4300
営業時間：11:00～20:00　火曜不定休
URL：http://www.ishida-watch.com/shop_guide/n43

広い店内には、1階にコンシェルジュコーナーがあり、ウォッチコンシェルジュが相談に応えてくれる。2階にはバーカウンターや談話スペースを用意し、落ち着いた雰囲気でリラックスしながら時計選びを楽しめる。ブライトリング、カルティエ、パネライ等を扱っており、また道内唯一のA.ランゲ&ゾーネ、オーデマ ピゲ、ウブロ正規取り扱い店でもある。

COMMON TIME 横浜元町本店（CHARMYウォッチ館）　Kanagawa

アクセス抜群の好立地で“本物”を堪能

【店舗情報】
神奈川県横浜市中区元町3-120
電話番号：045-662-0041
営業時間：11:00～20:00
URL：http://www.common-time.jp

2016年6月に移転オープンした。以前の約4倍の広さになり、各ブランドのスイス本国公認のコーナーを設置。ヴァシュロン・コンスタンタン、カルティエ、シャネルなどのブランドを新たに取扱い開始、カップルや夫婦も来店しやすい雰囲気になっている。元町通り沿いとアクセスが抜群なので、ショッピングやグルメのついでに立ち寄ってみるのもおすすめ。

TOMPKINS　佐野店　Tochigi

最新の情報を発信し続けるスタイリッシュな時計ショップ

【店舗情報】
栃木県佐野市高萩町42-1
TEL：0283-22-5550
営業時間：11:00～20:00（年中無休）
URL：http://www.tompkins.jp

エッジの効いた黄色い外観がスタイリッシュな店舗は、最新のトレンドを発信するニューヨークの公園内にある美術館をイメージ。新しい何かを発見するために、常に貪欲な嗅覚を発揮している、「ポジティブに人生を楽しむ人が集うショップ」がコンセプトだ。ロレックス、カルティエ、IWC、ブライトリングなどが豊富に揃う精度チェックなどの点検やアフターサービスも。

HF-AGE 高崎店 Gunma

安心と信頼がおける北関東最大級の品揃え

【店舗情報】
群馬県高崎市あら町162
TEL：027-327-6622
営業時間：10:30～19:30（水曜定休。但し最終水曜日は営業）
URL：http://www.hf-age.com

1985年6月創業のHF-AGE（エイチエフエイジ）。吹き抜けがデザインされた高崎店は天井が高くオープンな雰囲気の旗艦店だ。取り扱っているブランドは20を超え、北関東最大級の品揃えには定評がある。信頼のおける時計をこよなく愛すプロフェッショナルなスタッフが、懇切丁寧に対応してくれるので、県外からも足を運ぶファンが多い。

宝石の八神 Aichi

スペシャリストが常駐している東海地区を代表する名店

【店舗情報】
愛知県大府市共和町3-8-9
電話番号：0562-48-8811
営業時間：10:00～20:00　月曜定休（祝日営業）
URL：http://www.hassin.co.jp

各主要道路が集中した名古屋南ICすぐにある、東海地区を代表する名店。ロレックス、カルティエ、ブレゲ、パネライ、IWC、ハリー・ウィンストンなど40以上のブランドを展開。高級ブランドウォッチすべてを一度にくつろぎながら見て選ぶことができる。WOSTEP、一級時計修理技能士をはじめ、専門スタッフが多様なニーズに合ったアドバイスをしてくれる。

ティットコレクション 金沢店 Ishikawa

自分にぴったりな時計を親身になって選んでくれる

【店舗情報】
石川県金沢市片町1丁目3番23号
TEL：076-223-2888
営業時間：11:00～19:00（水曜定休）
URL：http://www.titto.jp

金沢21世紀美術館や兼六園に程近い、絶好のロケーションに店をかまえる。会話を楽しめるスペースが店内にあることや、パーティーなどのイベントで交流を積極的に作り出す機会を設けており、時計販売だけでない、その先まで見据えたお客様との関係を大切にしている。満足感、幸福感が得られるスペシャルなお店だ。

貴人館 Osaka

海外ブランド本店さながらの ディスプレイに酔いしれる

【店舗情報】
大阪府大阪市中央区日本橋2丁目7番10号 日本橋エクシーリスビル
TEL：06-6636-6630（代）
営業時間：10:00～19:00（火曜定休）
URL：http://www.kijinkan.co.jp

店内はブランドの印象を最大限に表現したディスプレイを展開。ブランドの特徴を理解しやすく、「まるで海外ブランドの本店に来たかのよう」と来店者からの評判も高い。スタッフ全員で商品を吟味し、製品の性能やデザイン、コンセプト等に納得したものだけが店頭に並んでいる。説得力のある商品説明もすぐれており、満足度は高いはずだ。

oomiya 和歌山本店 Wakayama

世界観を堪能できる コンセプトブースは必見!

【店舗情報】
和歌山県和歌山市栗栖755-1
TEL：073-474-0038
営業時間：11:00 ～20:00（水曜定休）
URL：http://www.jw-oomiya.co.jp

大阪や京都、鹿児島など関西を中心に6店舗のショップを展開する、oomiyaの和歌山本店。ロレックスやカルティエ、パネライ、そしてブライトリングやタグ・ホイヤーのコンセプトブースは時計マニアでなくとも必見の唯一無二な空間。定番モデルから限定品・最新作まで、多彩な高級時計の数々は、見ているだけで贅沢な気分にさせてくれる。

下村時計店　本店 Hiroshima

世界水準の輝きを 手首に宿す贅沢をあじわう

【店舗情報】
広島県広島市中区本通9-33
TEL：082-248-1331
営業時間：10:30～19:30（水曜定休）
URL：http://www.jw-shimomura.co.jp

ロイヤルアッシャーダイヤモンドなどのジュエリーも揃う1階には、IWC、カルティエ、タグ・ホイヤーなど時計のトップブランドが集結している。2階には国内最大級のスケールの下村パテック フィリップ・フロアーが特設され、ゆったりした空間で吟味できる。西日本最大の拠点となっており、最新モデルや話題の逸品、注目スタイルを発信している。

Oro-Gio

Fukuoka

洗練された空間で心ゆくまで時計を選べる

【店舗情報】
福岡県福岡市中央区大名1-2-5 イル カセットビル1F
TEL：092-725-7766
営業時間：11:00～20:00（火曜定休）
URL：http://oro-gio.co.jp

福岡の幹ともいえる大名と天神間のメインストリートに店を構えるOro-Gio。イタリア語で"oro（オロ）"は「ゴールド」、"gio（ジオ）"は「ジュエリー」。また、「時計」という意味を持つ単語の"orologio（オロロジオ）"にもかけた名は、ラグジュアリーで豪華な店の特徴を現いる。店内はプロが選び抜いた商品が並び、納得いく時計選びができる。

サロン・ド・ビジュ　コハル

Oita

一生モノに出会える上にアフターケアも万全

【店舗情報】
大分県大分市金池町2丁目1番3号 レインボービル2F
TEL：097-532-6089
営業時間：11:00～20:00（水曜定休。祝日の場合は営業）
URL：http://koharu1977.com

「大分県と近県にスイス機械式時計の文化を根づかせたい」というポリシーに基づいたスタッフの接客は懇切丁寧の一言。世界一流ブランドのヒストリー、コンセプト、クオリティー等を熟知した上で、一生モノの1本が見つかるまで寄り添ってくれる。アフターメンテナンスも万全で、常に最高の環境維持を約束。ブライダルリングとジュエリーも取り扱う。

時計の大橋

Kumamoto

明治27年創業の老舗で安心感と高級感をまとう

【店舗情報】
熊本県熊本市中央区上通9-5
TEL：096-353-0084
営業時間：10:30～19:30
URL：http://www.tokei0084.co.jp

熊本の中心街、上通商店街で120年以上愛され続けている時計専門店。石造りのエントランスが印象的な本館と、2015年にオープンした季節の生花が彩るヨーロッパ調の新館がある。どちらも高級感あふれる内装で、パートナーと呼ぶにふさわしい時計をゆったりとチョイスできる。カルティエやブライトリングなど、とくにスイスの高級時計を豊富に取り扱う。

あ

●アビエーションウォッチ　aviation watch

航空時計のこと。コンパス、高度計、計算尺などの、飛行のための特殊機能を搭載しているものが多い。

い

●イエローゴールド　yellow gold

ケースやブレスレットに使われる金属素材。純金（75％）に銀と銅を混合するため、18ｋゴールドより黄色味を帯びた色になっている。

●石　jewel

ムーブメントの歯車などの摩擦防止のためにはめ込まれる宝石。現在では人工ルビーなどが使われることが多い。「17石」「17 Jewels」とカタログなどに表記されている。多く使われているから高性能ということでもないため、普通に使うなら17石あれば十分。

●インダイアル　register subdial

スモールセコンドなどの、文字盤内にある計機のこと。スモールダイアルともいう。

●インデックス　index

文字盤にある、時や分を示す数字や目盛りのこと。アラビア数字のものはアラビックインデックス、ローマ数字はローマンインデックス、バーのものは、バーインデックスと呼ばれる。

●インナーベゼル　inner-bezel

文字盤の外周に取り付けられた、目盛が書かれたベゼル。ダイバーズウォッチやワールドタイマーなどに使われている。

う

●裏スケルトン　back skeleton

裏蓋に透明素材を使用することで、中のムーブメントの動きを見ることができるタイプ。シースルーバックともいわれる。透明にする分耐久性に劣るという意見もあり、ロレックスやブライトリングなど、あえて作らないメーカーもある。

え

●永久カレンダー　perpetual calendar

30日と31日との違いや、うるう年の修正などを、月末に人が調整しなくても、機械が自動的に行ってくれる機能。パーペチュアルカレンダーとも言う。

●エタ社　ETA

機械式とクォーツのムーブメントを製造している会社。２０１０年まではヨーロッパで製造される機械式腕時計の多くがエタ社のムーブメントを使用、またはベースムーブメントとしていたが、１９９８年に、スウォッチグループの傘下となったことにより、２０１０年に、グループ以外への供給を完全停止した。

お

●オイスターケース　oyster case

金属の塊をくり抜いて作ったケースに、リューズと裏蓋をねじ込み式にする世界初の完全防水型腕時計ケース。ロレックスが特許を得ている。オイスター（牡蠣）のように高い気密性を保っていることからこの名前がついた。

●オーバーホール　overhaul

ムーブメントを分解して、それぞれの部品の汚れや古い油を洗い落として掃除すること。新しく注油した後は、調整・精度チェックを行いながら組み立てる作業。一般の機械式時計のオーバーホールは3～5年に一度行うのが理想的である。

●オートマチック　automatic

ムーブメントにあるローターが、腕が動くことで回転して、その力が歯車に伝わり、ゼンマイが自動的に巻き上げられるという機械式時計の仕組み。手巻きと違い、使用していれば止まることがない。構造上、ローターの分、腕時計本体に厚みが出てしまう。

か

●回転ベゼル　rotary bezel

腕時計本体の周囲についている目盛りのついた可動リング。経過時間や距離などを計測する。計算尺や世界の都市名が書かれたタイプもある。ダイバーズ、ＧＭＴ、クロノグラフなど、計測機能を持つ時計に装着されている。

き

●機械式時計　mechanical

ゼンマイのほどける力を動力にしている時計。人がリューズを回してゼンマイを巻く手巻き式と、ローターを回転させてゼンマイを巻く自動巻きがある。電池で動くクォーツの針が、1秒単位で動くのに対し、ほとんどの機械式の針は、1秒よりも細かく動く。機械式メカは、男性用高級時計の必須条件ともいってよい。

●キャリバー　caliber
アルファベットや数字で表記されるムーブメントの形式番号のこと。「Cal.」と略されることが多い。

●鏡面仕上げ　mirror finish
ケースやブレスレットの仕上げのひとつ。鏡のようにモノが映るほど磨かれている。ポリッシュ仕上げとも呼ばれている。光沢があり、きらびやかだが、キズが目立ちやすい。

●ギョシェ彫り　guilloche
ダイアルに彫りこんだ繊細な凹凸模様のこと。高級時計に施されていることが多く、やや大ぶりな凹凸模様のグランドルジュという加工もある。

く

●クォーツ　quartz
水晶振動子を用いた時計。簡単にいえば電池で動く時計。水晶は交流電圧をかけると一定の周期で規則的に振動する。この原理を応用し３２７６８Hz（＝２１５Hz）で振動する水晶振動子を用いて、アナログ時計は針の速度を調節、デジタル時計の場合はその信号をデジタル表示する。機械式に比べて精度が高い。世界初の市販クォーツ腕時計は１９６９年のセイコー「アストロン」。

●クロノグラフ　chronograph
時刻表示に加え、ストップウォッチ機能も搭載している時計。ケース右側についているプッシュボタンで、スタート、ストップ、リスタート、リセットなどの操作をする。

●クロノメーター　chronometer
１９５１年にスイスで規格統一され、ＣＯＳＣ（Contrôle Officiel Suisse des Chronomètres スイス公式クロノメーター検定協会）が行っている検定に合格した機械式時計。厳しい検査をクリアした高い精度をもった時計に与えられる称号。

こ

●コート・ド・ジュネーヴ　cote de Geneve
ムーブメントの表面などに施された研磨仕上げのひとつ。湖の波をイメージしたジュネーヴ波形とも呼ばれる縞模様。鱗状の連続模様を入れた、ペルラージュ仕上げと並ぶ伝統的な技法。

●コンプリケーション　complication
「トゥールビヨン」「ミニッツリピーター」「永久カレンダー」など、高度な技術で作られた複雑時計のこと。

●香箱　barrel
ゼンマイを収納されている薄い円筒状の箱。その上部にある歯車部分を香箱車という。ゼンマイが緩む力で回転し、針を動かす歯車に伝える。

さ

●サテン仕上げ　satin finish
ステンレススチールのケースや裏蓋などに細かい線が施してある艶消しの仕上げ。ヘアラインやマット仕上げともいわれる。派手さはないが、その分落ち着いた雰囲気になる。

●サファイアクリスタル　sapphire crystal
人工的に作られたサファイア製のガラス。透明度が高く、ダイヤモンドの次に硬いので傷つきにくい。腕時計では風防に使われている。

し

●GMT　Greenwich Mean Time
グリニッジ・ミーン・タイムの略で、グリニッジ標準時間を指す。日本時間はＧＭＴの＋9時間になる。ＧＭＴウォッチは、24時間で1周するＧＭＴ針と24時間表記のベゼルを持つ時計で、任意のふたつの場所の時刻を同時に読み取れる機能を持つ時計。

●ジュネーブサロン　SIHH
Salon International de la Haute Horlogenie のことで、ジュネーブで毎年行われるリシュモングループを中心とした国際時計見本市。一般の入場は不可。

●ジュネーヴシール　Geneva Seal
ジュネーヴ市が定める規定に基づいた品質規準によって認定されたムーブメントに与えられる刻印。ジュネーヴシールであるジュネーヴ市の紋章が刻印される。精度の規格ではクロノメーターもあるが、同規格よりも厳しい条件で検査されている。

●振動数　frequency
機械式時計ではテンプの揺れる回数、クォーツでは水晶の揺れる回数のこと。8振動では1秒間に8回テンプが振動する。8振動以上はハイビートと呼ばれる。基本的には振動数の多い方が精度は上がるが、その分摩耗も激しくなるので、耐久性が低くなってしまう。

す

●スクリューバック　screw back
ねじ込み式の裏蓋。気密性、防水性が高い。

●ステンレススチール　stainless steel
カタログなどでは「ＳＳ」と略されることが多い。合金鋼で、鉄に10.5％以上のクロムを含んでいる素材。

錆びにくく、実用性が高いのが特徴。ケース素材としては最もポピュラー。

●スプリットセコンド　split seconds
メインとなる秒針と独立した停止機能を備えた針との2本のクロノグラフ針により、ラップタイムが計測できる機能を持つクロノグラフ。ラトラパンテともいう。

●スモールセコンド　small seconds
主に6時位置に置かれていることが多い、独立して配置された秒針。

せ

●積算計　counter
クロノグラフで計測された時間の累計を表示する機能。スモールセコンド、30分積算計、12時間積算計を備えた三つ目クロノグラフが多い。

●ゼンマイ　main spring
香箱に収められた特殊合金のバネで、機械式時計の動力源となっている。ゼンマイのもとに戻ろうとする力が歯車に伝わり、それが回転動力となることで、時計が動く。

た

●耐磁ケース　antimagnetic case
おもに機械式時計は、ムーブメントの金属部品が磁気を帯びると、精度に影響を与えることがある。それを防ぐために設計された防磁ケース。

●ダイアル　dial
文字盤のこと。

●ダイバーズウォッチ　diving watch
１００メートルの潜水に耐え、その1・25倍の水圧に耐える耐圧性を持つ時計のこと。ＩＳＯ（国際標準化機構）やＪＩＳ（日本工業規格）などにより細かく定められている。逆回転防止ベゼル、蛍光文字盤、ヘリウムガスエスケープバルブなどを持つものが多い。

●タキメーター　tachymeter
スピード、平均時間などを、1分以内の計測で算出するための、クロノグラフのダイアルやベゼルに書かれている目盛。

て

●手巻き　manual winding
ゼンマイを手で巻き上げる仕組みの時計。

●デュアルタイム　dual time
サブダイアルなどで、ふたつの時間を表示できる時計のこと。

●テンプ　balance
振幅運動を行う機械式時計の心臓部ともいえるパーツのこと。動きを一定に保つヒゲゼンマイが取りつけられている。

と

●トゥールビヨン　tourbillon
１７９５年にアブラアム＝ルイ・ブレゲが発明した、重力で生じる機械式時計の誤差を補正する複雑機構。もともとは懐中時計の機構だったが、制作に非常に高度な技術を要するため、高いステータス性を持ち、やがて最高級機械式時計の必須になっていった。しかし技術の進歩により、２０００年以降は、量産安価のトゥールビヨンも現れている。

●独立時計師　independent watchmaker
メーカーや企業に所属せずに、自分で工房を持ち時計を作る職人のこと。なかには、たったひとりで全ての部品を手作りして、時計を組み立ててしまう時計師もいる。マーケティングなどに影響されず自由に作れるため、ユニークなモデルを作る人が多い。

●トノーケース　tonneau case
トノーは「樽」を意味するフランス語。その名の通り、ケースが樽のようなフォルムになっている。

は

●バーゼルワールド　BaselWorld
バーゼルフェアとも呼ばれる、スイスのバーゼル市で毎年開催される、世界最大の時計&宝飾の国際見本市。おもにスウォッチグループやＬＶＭＨグループが強い。こちらはＳＩＨＨと違い一般入場可。

●バルジュー　Valjoux
１９０１年創業のスイスのムーブメントメーカー。かつてはクロノグラフの名門ともいわれ、バルジューのムーブメントはロレックスデイトナにも採用されるなど、優れた評価を得ていたが、１９８５年エタ社に吸収合併された。

●パワーリザーブ　power reserve
機械式時計の、ゼンマイの残り時間を表示する機能、インジケーターのこと。パワーリザーブ約72時間という場合は、ゼンマイを完全に巻き上げれば、約72時間は動き続けるという意味。

●ハンド　hand
時針・分針・秒針の針のこと。

ひ

●ヒゲゼンマイ　balance spring
テンプの中心部に取り付けられているスプリング状のパーツ。テンプの回転を調整する。ヘアスプリングともいわれる。

●尾錠　buckle
ブレスレットや革ベルトを、腕にはめる時に固定するための留め具。クラスプやバックルともいわれる。

●ピンクゴールド　pink gold
ケースやブレスレットに使われる金属素材。純金(75%)に銅・銀を混合する。銅の割合が多いのでイエローゴールドよりも少し赤味がかった色になっている。

ふ

●風防　glass
ダイアルの上のガラス。素材としては、ガラス以外にも、アクリル樹脂、サファイアクリスタルなどが使われている。

●復刻版　replica
過去の人気、名作モデルを、現代の技術で再現した時計。レプリカともいわれるが、中身まで必ずしも全く同じではなく、ムーブメントは最新といったケースが多い。

●プッシュボタン　push button
クロノグラフ機能をスタート・ストップ・リセットするボタン。プッシュピース、プッシャーともいわれる。

●防水　water resistant
腕時計の防水は、日常生活用強化防水と潜水用防水の2種類がある。一般用の防水は水泳程度までで、本格的潜水はできない。また日常生活用防水は、せいぜい洗顔程度までで、防水とはいえない。

ほ

●ホワイトゴールド　white gold
ケースやブレスレットに使われる金属素材。純金(75%)に銀やニッケル、パラジウムなどを混合する。またさらに白っぽく見せるために、ロジウムメッキを施すこともある。

ま

●マニュファクチュール　manufacture
開発から、部品、ムーブメント、ケース、ベルトまで時計の材料全てを自社で作り組み立てる自社一貫生産体制を持つメーカー。

み

●ミニッツリピーター　minute repeater
音で時刻を知らせる機構のこと。かつて、まだ電気のなかった時代、日が沈むと、懐中時計の文字盤や針が読めなくなったことから開発された。

●ミリタリーウォッチ　military watch
軍が正式に採用した時計のこと。ミルスペックと呼ばれる規格で審査され、裏蓋にその刻印が押されている。

む

●ムーブメント　movement
ケースに収められているクルマでいえばエンジンに当たる、時計の動力機構部分。クォーツの場合はモジュールともいわれる。

●ムーンフェイズ　moonphase
月齢表示によって、月の満ち欠けを知ることが出来る機構。夜空や月が描かれたプレートが、月の周期に従って29・5日で半回転する。

ら

●ラグ　lag
ケースの足のような部分でブレスレットやベルトを固定する部位。アタッチメントやホーンともいわれる。

り

●リファレンスナンバー　reference number
アルファベットや数字で表記されるメーカーがつける時計本体の製造番号、品番のこと。「Ref.」と略されることが多い。

●リューズ　crown
漢字で書くと「竜頭」。時計の右側につけられた、ゼンマイを巻き上げるための突起。リューズを引くと時刻やカレンダー合わせをすることができる。

れ

●レギュレーター　regulator
ダイアル上に時、分、秒が独立して表示されている時計。また時計師や時計メーカーが、機械式時計の精度チェック時に使う精密時計。

●レトログラード　retrograde
フランス語で「逆行」を意味する、秒針が扇型を描いて動く仕組み。針が目盛の端まで行くと、その瞬間にフライバックして最初の地点に戻る。

ろ

●ローター　rotor
自動巻きで、ゼンマイを巻き上げるための回転するパーツ。腕が動くことでローターが回り、その運動でゼンマイを巻く。

わ

●ワールドタイマー　world timer
世界各国の時刻が同時に読み取れる機能がついた時計。24時間表記や24の時間帯ごとに、世界の主要都市の標準時が書かれたインナーベゼルが特徴。

お問い合わせ先一覧

ページ	ブランド名	連絡先	電話番号
P22-23	Audemars Piguet オーデマ ピゲ	オーデマ ピゲ ジャパン	03-6830-0000
P24-25	A. Lange & Söhne A.ランゲ&ゾーネ	A.ランゲ&ゾーネ	03-4461-8080
P26-27	Blancpain ブランパン	ブランパン ブティック銀座	03-6254-7233
P28-29	Breguet ブレゲ	ブレゲ ブティック銀座	03-6254-7211
P30-31	Breitling ブライトリング	ブライトリング・ジャパン	03-3436-0011
P32-33	Bvlgari ブルガリ	ブルガリ・ジャパン	03-6362-0100
P34-35	Cartier カルティエ	カルティエ カスタマーサービスセンター	0120-301-757
P36-37	Girard-Perregaux ジラール・ペルゴ	ソーウインド ジャパン	03-5211-1791
P38-39	Hublot ウブロ	ウブロ	03-3263-9566
P40-41	IWC	IWC コンタクトセンター	0120-05-1868
P42-43	Jaeger-LeCoultre ジャガー・ルクルト	ジャガー・ルクルト コンタクトセンター	0120-79-1833
P44-45	OMEGA オメガ	オメガお客様センター	03-5952-4400
P46-47	Panerai パネライ	オフィチーネ パネライ	0120-18-7110
P48-49	Patek Philippe パテック フィリップ	パテックフィリップジャパン インフォメーションセンター	03-3255-8109
P50-51	Piaget ピアジェ	ピアジェ コンタクトセンター	0120-73-1874
P52-53	Richard Mille リシャール・ミル	リシャールミルジャパン	03-5807-8162
P54-55	Rolex ロレックス	日本ロレックス	03-3216-5671
P56-57	TAG Heuer タグ・ホイヤー	LVMHウォッチ・ジュエリー・ジャパン タグ・ホイヤー	03-5635-7054
P58-59	Vacheron Constantin ヴァシュロン・コンスタンタン	ヴァシュロン・コンスタンタン コンタクトセンター	0120-63-1755
P60-61	Zenith ゼニス	LVMHウォッチ・ジュエリー・ジャパン ゼニス	03-5524-6420
P68	ARNOLD&SON アーノルド&サン	ブローバジャパン	03-5408-1390
P69	Ball watch ボールウォッチ	ボールウォッチ・ジャパン	03-3221-7807
P70	Baume & Mercier ボーム&メルシエ	ボーム&メルシエ	03-4461-8030
P71	Bell&Ross ベル&ロス	オールブルー	03-5977-7759
P72	Bulova ブローバ	ブローバジャパン	03-5408-1390
P73	Carl F. Bucherer カール F.ブヘラ	ブヘラジャパン	03-6226-4650
P74	CASIO カシオ	カシオ時計お客様相談室	03-5334-4869
P75	Chaumet ショーメ	ショーメ ジャパン	03-5635-7057
P76	Chopard ショパール	ショパール ジャパン プレス	03-5524-8922
P77	Chronoswiss クロノスイス	栄光時計株式会社	03-3837-0783
P78	CITIZEN シチズン	シチズン お客様時計相談室	0120-78-4807
P79	Corum コルム	コルムジャパン	03-6435-9240
P80	Cuervo y Sobrinos クエルボ・イ・ソブリノス	ムラキ	03-3273-0321
P81	Dior ディオール	クリスチャンディオール	0120-02-1947
P82	EBEL エベル	ムラキ	03-3273-0321
P83	EDOX エドックス	GMインターナショナル	03-5828-9080

ページ	ブランド名	連絡先	電話番号
P84	Fortis フォルティス	ホッタ	03-6226-4715
P85	Frederique Constant フレデリック・コンスタント	GMインターナショナル	03-5828-9080
P86	Glashütte Original グラスヒュッテ・オリジナル	グラスヒュッテ・オリジナル ブティック銀座	03-6254-7266
P87	GLYCINE グライシン	DKSHジャパン	03-5441-4515
P88	Graham グラハム	DKSHジャパン	03-5441-4515
P89	Gucci グッチ	ラグジュアリー・タイムピーシーズ ジャパン	03-5766-2030
P90	Hamilton ハミルトン	ハミルトン／スウォッチグループジャパン	03-6254-7371
P91	Harry Winston ハリー・ウィンストン	ハリー・ウィンストン クライアントインフォメーション	0120-346-376
P92	H.Moser&Cie. H.モーザー	イースト・ジャパン	03-3833-9602
P93	Jaquet Droz ジャケ・ドロー	ジャケ・ドロー ブティック銀座	03-6254-7288
P94	Jeanrichard ジャンリシャール	ソーウィンドジャパン	03-5211-1791
P95	Junghans ユンハンス	ユーロパッション	03-5295-0411
P96	Longines ロンジン	ロンジン／スウォッチグループジャパン	03-6254-7351
P97	Louis Erard ルイ・エラール	大沢商会	03-3527-2682
P98	Louis Vuitton ルイ・ヴィトン	ルイ・ヴィトン クライアントサービス	0120-00-1854
P99	Maurice Lacroix モーリス・ラクロア	DKSHジャパン	03-5441-4515
P100	MEISTER SINGER マイスタージンガー	モントレックス	03-3668-8550
P101	Montblanc モンブラン	モンブラン コンタクトセンター	0120-39-4810
P102	NOMOS Glashütte ノモス グラスヒュッテ	大沢商会	03-3527-2682
P103	ORIENT オリエント	オリエント時計 お客様相談室	042-847-3380
P104	Oris オリス	ユーロパッション	03-5295-0411
P105	PIERRE DEROCHE ピエール・ドゥ・ロッシュ	大沢商会	03-3527-2682
P106	Ralph Lauren ラルフローレン	ラルフローレン 表参道	03-6438-5800
P107	RESSENCE レッセンス	モントレソルマーレ	03-3833-4211
P108	Roger Dubuis ロジェ・デュブイ	ロジェ・デュブイ	03-3288-6640
P109	SEIKO セイコー	セイコーウオッチお客様相談室	0120-612-911
P110	Sinn ジン	ホッタ	03-6226-4715
P111	SPEAK-MARIN スピーク・マリン	大沢商会	03-3527-2682
P112	STOWA ストーヴァ	チックタック 恵比寿アトレ店	03-5475-8413
P113	TISSOT ティソ	ティソ／スウォッチグループジャパン	03-6254-7360
P114	Tutima チュチマ	ダイヤモンド	06-6262-0061
P115	ULYSSE NARDIN ユリス・ナルダン	ソーウィンドジャパン	03-5211-1791
P116	Van Cleef & Arpels ヴァン クリーフ＆アーペル	ヴァン クリーフ＆アーペル デスク	0120-10-1906
P117	WEMPE ヴェンペ	シェルマン 銀座店	03-5568-1234
P118	ZODIAC ゾディアック	フォッシルジャパン	03-5950-9453

腕時計の図鑑

2016年11月30日 初版第1刷　発行

編著　『腕時計の図鑑』編集部

編集　藤本晃一（開発社）
小倉靖史（開発社）

編集協力　大野高広（オフィスペロポー）
板橋正時（オフィスペロポー）

執筆　額田久徳
渋谷ヤスヒト
鈴木翔
内埜さくら
早川すみか
清家茂樹
新保裕之
wakmanndiver

デザイン　杉本龍一郎（開発社）
太田俊宏（開発社）
加藤寛之
水木良太（あついデザイン研究所）
酒井俊一
斎藤隆雄
安部孝司

写真　谷口岳史
榎本壯三

イラスト　ほんだあきと

校正　西進社

企画　植木優帆（マイナビ出版）

発行者　滝口直樹
発行所　株式会社マイナビ出版
〒101-0003
東京都千代田区一ツ橋2-6-3 一ツ橋ビル2F
TEL：0480-38-6872（注文専用ダイヤル）
TEL：03-3556-2731（販売部）
TEL：03-3556-2736（編集部）
E-mail：pc-books@mynavi.jp
URL：http://book.mynavi.jp

印刷・製本　株式会社大丸グラフィックス

参考文献

『腕時計の教科書』（学研パブリッシング）
『WATCHNAVI Premium』（学研マーケティング）
『10大時計ブランド全モデル原寸図鑑 2013』（学研マーケティング）
『世界の腕時計』（ワールドフォトプレス）
『2016 時計ブランド年鑑』（日本時計輸入協会）
『腕時計 for Beginners』（晋遊舎）
『日本時計輸入協会』http://www.tokei.or.jp
『腕時計新聞』http://www.watchjournal.net

ISBN978-4-8399-5723-0 C2077
Printed in Japan